Hermann Kaussler

Der wilde Markgraf

Eine historische Novelle
über die „Ehe zur linken Hand"
zwischen dem Markgrafen
Carl Wilhelm Friedrich und Elisabeth Wünsch
auf dem Falkenschlößchen Georgenthal.

SCHRENK - VERLAG

Vorwort

„Der wilde Markgraf" – keiner hätte es zu dessen Lebzeiten gewagt, ihn so zu nennen. Ihn, den vorletzten Markgrafen des Fürstentums Brandenburg-Ansbach. Den Beinamen hat er erst im 19. Jahrhundert erhalten – keiner weiß so recht, von wem und warum. Waren es seine Temperamentsausbrüche oder waren es seine Leidenschaften? War es sein ungestümes Auftreten oder seine Hartnäckigkeit, mit der er seine von ihm selbst gesteckten Ziele verfolgte?

Bereits im Alter von vierzehn Jahren tritt Carl Wilhelm Friedrich ein in ein bewegtes Leben voller Höhen und Tiefen. Schon als Jüngling verlobt man ihn mit der zwölfjährigen Königstochter Friederike Louise, einer Verwandten seiner zollerschen Familie. Seine Ehe schien anfänglich Glück und Zufriedenheit zu verheißen, doch schon bald zogen die ersten Ungewitter am Horizont der von der hohen Politik gestifteten Ehe auf. Der Bruder von Friederike Louise, Friedrich der Große, urteilte über ihre Beziehung: Sie haßten sich wie Feuer und Wasser, und von einem anderen Chronisten erfahren wir, sie seien zueinander wie Hund und Katze. Sie zog sich nach Unterschwaningen zurück, wo sie nach langjähriger Einsamkeit auch verstarb, er frönte, sobald es seine Regierungsgeschäfte zuließen, seiner Jagdleidenschaft, vornehmlich der Falknerei.

Im Alter von einundzwanzig Jahren dürfte er die um fast zwei Jahre ältere Eva Elisabeth Winkler kennengelernt haben, eine Bürgerliche aus Leidendorf bei Triesdorf. Nach einer leidenschaftlichen Liebesbeziehung kommt es zu einer „Ehe zur linken Hand" auf dem eigens wieder hergerichteten Waldschlößchen Georgenthal bei Haundorf. Aus dieser Verbindung entstehen vier Nachkommen. Der Taufeintrag des ersten Kindes gibt in verschlüsselter Form Auskunft über „dieses Kind der Liebe". Der Vater wird mit Unteroffizier Falck und die Mutter mit Elisabeth Wünsch bezeichnet, quasi als Decknamen zum einen des jagdbesessenen Markgrafen und seiner Frau, die so war, wie er sie sich gewünscht hat. Die beiden Söhne läßt er von Kaiser Franz I. aus Wien im Jahr 1747 und 1754 in den Adelsstand erheben. Sie nennen sich fortan die Freiherren von Falkenhausen.

Nach einem bewegten Leben, das in dieser Novelle geschildert wird, findet Elisabeth in der Herrschaftsgruft der Walder Schloßkirche ihre letzte irdische Ruhestätte. Ihr Sarg steht noch dort, unerkannt bis zum heutigen Tag. Alexander, der Sohn von Carl Wilhelm Friedrich aus seiner Ehe mit der Königstochter Friederike Louise, ließ wenige Jahre nach dem Tod seines Vaters Georgenthal auf Abbruch verkaufen. Heute läßt sich das Leben des einstigen Wohnsitzes von Elisabeth und ihren Kindern nur noch erahnen. Der Schloßweiher, die Schloßgrabeneinfassung und eine zerfallene Wasserleitung sind die einzig verbliebenen geheimnisvollen Zeugen einer bewegten Vergangenheit.

Hermann Kaussler

1. Kapitel

Eine Trauanmeldung in der Pfarrei Haundorf

Noch einmal wollte der Pfarrer von Haundorf am Ostersamstag des Jahres 1734 in seinem Hausgärtlein nach dem Rechten sehen. Seine Osterpredigt hatte er bereits schriftlich vorbereitet. Das Thema derselben lautete: Das Leben nach dem Tode auf Grund der Auferstehungsbotschaft.

Die Magd Barbara schichtete im Hinterhof die großen Scheite zu einem Holzstoß, indem sie jeweils nach jeder Schicht die Scheite quer legte. Das Föhrenholz konnte jetzt trocknen. Die Magd war für die Beschaffung und für das Spalten des Backholzes zuständig. Der große Backofen im Hinterhof wurde einmal in der Woche geschürt, um das Brot für die Pfarrfamilie backen zu können. Sechs große Laibe faßte der Backofen. Sie wurden am Schluß mit Wiesenkümmel bestreut.

Heute durfte keine Gartenarbeit verrichtet werden, auch die Feldarbeit mußte ruhen. Christus wurde in das Grab gelegt. Die Erde nahm seinen Leichnam auf. Daher war es alter Brauch, daß am Samstag vor Ostern die Erde ruhen sollte. Keine Pflugschar sollte sie durchfurchen, keine Egge sollte sie entweihen.

Vor einigen Jahren hatte der Pfarrer den Mößnersbauern vermahnen müssen, weil er frechen Sinnes seine Frühjahrssaat an diesem Tag bestellt hatte. Seit dieser Zeit ging der Bauer dem Pfarrer aus dem Weg, und zur Beichtanmeldung schickte er seine Frau. Zur Einzelbeichte jedoch, die damals auch hier noch üblich war, kam er immer als letzter. Mit starrem Blick und in stockenden Sätzen gestand er seine Sünden, um daraufhin diesen Ort der Demütigung schnellstens wieder zu verlassen.

Plötzlich blieb der Pfarrer inmitten seines Pfarrhofes stehen. War da nicht ferner Hufschlag zu hören? Sollte es am Ende einer seiner Großbauern aus Haundorf oder Aue wagen, an diesem Tag sein Feld zu bestellen? Er würde sich nicht scheuen, jetzt und morgen von der Kanzel einem solchen Frevler die Schändung des heiligen Vortages von Ostern vorzuhalten. Schon legte er sich die Worte auf den Lippen zurecht, die er dann aussprechen wollte. Jedoch zu dem Hufschlag fehlte das gewohnte Geräusch, das ein eisenbereifter Wagen von sich gab.

Bald legte sich die Sorge des Pfarrers, als er zwei Reiter in Husarenuniform auf der Dorfstraße um die Kirche kommen sah. In Gedanken dachte er: Wieder einmal markgräfliche Reiter aus Onoldsbach auf dem Weg von Georgenthal nach Gunzenhausen. Jedoch die beiden Husaren zogen vor dem Pfarrhaus an den Kandaren und stiegen von ihren Pferden. Als ob sie hier zu Hause wären, banden sie einfach ihre Tiere an den Holzzaun, der das Pfarrhaus umgab und damit auch schützen sollte. Der eine von ihnen winkte mit seiner rechten Hand, die von einem weißen Glacéhandschuh überzogen war, dem Pfarrer zu. Aus seiner blauen Husarenuniform zog er einen gefalteten Lederbeutel. Erstaunt blieb der Pfarrer stehen, als der eine von ihnen das Wort ergriff und sagte: „Unser hochlöblicher Herr Markgraf von Onoldsbach-Brandenburg schickt uns zu Euch. Er entbietet Euch seine Gunst und sein Wohlwollen. Er hat eine wichtige Nachricht an Euch."

Vor Erstaunen mußte der geistliche Herr erst mit seiner Zunge die Lippen anfeuchten, um ungehindert reden zu können. Es war zugleich eine Verlegenheitsgeste. Dann bat er die beiden Botenreiter in das Studierzimmer des Pfarrhauses.

Die Augen der beiden ruhten auf den Regalen dieser ländlichen Amtsstube. Wieviel Bücher bekamen sie dort zu sehen! Fein aneinandergereiht sahen sie die Predigtpostillen, die Bibelauslegungen, andere Bücher und Traktate, aber alle in schwarzem Einband. Dabei wurden sie unwillkürlich an eine Beerdigung erinnert. Den Größeren von ihnen mit blonden Haaren und rötlicher Gesichtsfarbe verriet seine Sprache als einen Dienstmann von preußischer Herkunft. Seine langen, dünnen Finger griffen nun in den Lederbeutel und holten ein gefaltetes Papier hervor, das er auf den Tisch im Studierzimmer legte. Erst jetzt fiel es dem

Pfarrer ein, daß eine Botschaft wohl nicht gut im Stehen auszurichten sei, und er bat daher seine hohen Gäste, sich auf die rückwärtige Bank zu setzen.

Voller Neugierde überflog er die fürstliche Depesche: Am Sonntag nach Rogate wünsche der hochfürstliche, allerdurchlauchtigste Markgraf zu Onoldsbach-Brandenburg die Copulation seines allertreuesten und tapferen Dieners Johann Wilhelm Falck, Unteroffizier unter dem löblichen Bassowitzschen Regiment am Rhein, mit Elisabetha Wünschin, einer Tochter seines Falkoniers zu Triesdorf. Die Copulationszeugen sollten sein Herr Oberhofmarschall Christoph Friedrich von Seckendorff, Herr Obriststallmeister Wolf Ehrenfried Freiherr von Reitzenstein sowie der reichsfreie und hochwohlgeborene Herr Oberschenk August Friedrich von Wieße. In Gedanken zählte der Pfarrer die anfallenden Sonntage bis zum Sonntag Rogate. Halblaut sagte er dann: „Die Zeit reicht ja gerade noch für eine dreimalige Proklamation. Der Wunsch meines Herrn sei mir Befehl." Die Stimme des Pfarrers wurde kräftiger, als er sagte: „Der Hochfürstliche Herr kann mit mir rechnen, wenn es um so ehrenwerte Honoratioren geht, die in meiner bescheidenen Kirche copuliert werden wollten."

In der Küche erwartete die Botenträger eine kräftige Brotzeit aus kaltem Bratenfleisch und Meerrettich, dazu ein Trunk aus dem vorjährigen Most. Die Magd besorgte dies alles und entließ dann die beiden, die auf dem Rücken ihrer Pferde in Richtung Leidingendorf davongaloppierten.

Zeichnung: R. Stark

Abb. 1:   *Das Waldschlößchen Georgenthal.*

In den Hoffmannschen Waldbüchern (Band II 1722–1726) findet sich die folgende Beschreibung: „In diesem letzteren Holz, der Wolfskehlen, befindet sich ein Jagdschloß, so weyland der durchlauchtigste Fürst und Herr, Herr Georg Friedrich, christlöblichster Gedächtnuß in ao. 1692 ganz neu erbauen, und nach dero hohen Namen Georgenthal nennen laßen. Besagtes Schloß ist oben mit 3 fürstlichen Zimmern, unten aber mit Ställen versehen und mit Pallisaden umfangen, da umher ein Graben und Aufziehbrückchen, nebenher aber ebenfalls 2 Außgänge, so bei der nacht aufgezogen werden können, unten aber ein Weyher. In diesem Hof stehet, wie eingangs gedacht, das herrschaftliche Schloß oder Jagdhauß, dann sind außerhalb des Hofs annoch ein Wohnhaus, darinnen der Inspector wohnet, eine Scheune, Stallung und Bronnen. Dann befinden sich fornen bey dem Eingang des Schloßhofs 2 kleine Gärtlein.“

2. Kapitel

Das Nest wird neu gepolstert

Das alte Schlößchen zu Georgenthal stand schon viele Jahre leer
und drohte zu verwahrlosen. Der Onkel des Ansbacher Markgrafen Carl Wilhelm Friedrich, mit Namen Georg Friedrich der
Jüngere, ließ es im Jahr 1695 an der Waldstraße zwischen Gunzenhausen und Triesdorf errichten, und zwar in unmittelbarer
Nähe der alten Waldabteilung Wolfskeele, auch Wolfsklinge
genannt. Carl Friedrich Freiherr von Zocha, Hofbaumeister aus
Gunzenhausen, lieferte seinerzeit die Baupläne und führte die
Bauaufsicht. Die Mischwaldkultur, die dort den Reichtum an Wild
zuließ, gab den Ausschlag für die Errichtung des markgräflichen
Lustschlößchens. Von seinen vielen Kriegsdiensten und zahl-
reichen Auslandsreisen suchte der Landesherr in der Jagd Zer-
streuung und Ablenkung.
So lag dieser Jagdsitz in dem Dreieck Leidingendorf bei Haundorf,
Höhberg und Biederbach.
Die Waldbezeichnung Wolfskeele oder Wolfsklinge erinnerte an
die schauervolle Zeit nach dem großen Krieg, als das Raubwild
den Mönchswald durchstrich und keine Menschenseele sich
nachts aus dem Haus getraute. In kalten Wintern hörten die Leute
von Dematshof das Heulen der Wölfe und schlossen Stall und
Haustüren fest zu.
Der alte, taube Eckard wohnte ganz allein auf dem Schloß. Aber
das sollte nun anders werden.
Bei einem Hausbesuch in Aue erfuhr der Pfarrer von Haundorf,
daß schon um die Lichtmeßzeit eine Vielzahl an Bauleuten und
Handwerkern aus Onoldsbach und Gunzenhausen in die Waldeinsamkeit von Georgenthal gekommen war, um das herunter-
gekommene Lustschlößchen innen und außen zu renovieren.
Aus dem Zenngrund seien etliche Fuhrwerke mit Biberschwanz-
ziegeln angekommen.

Der große Buntspecht flog scheu an der Baustelle vorbei, und als er das Pochen und Hämmern der Zimmerleute vernahm, die den Dachstuhl ausbesserten, flog er in Richtung Lindenbühl. In weiter Entfernung ließ er an einem alten Baum sein „Tatatack" hören.

„Vielleicht wird unser Landesherr seinen Jagdsitz von Bruckberg hierher verlegen. Vielleicht wird auch ein hochverdienter Mann unseres Herrn dort Einzug halten," so sagten die Bauern aus Aue zu ihrem Pfarrer.

Nach ein paar Tagen fuhren drei Langholzwagen vollbeladen von Gunzenhausen über Haundorf nach Georgenthal. Der Lutzenbauer hatte entdeckt, daß alle Baumstämme der Länge nach durchbohrt waren, und als er einen Fuhrknecht nach dem Wohin des Weges fragte, zeigte dieser mit seiner Peitsche in Richtung Leidingendorf und sagte: „Nach Jörgerthal fahren wir unsere Lasten. Aus dem Diebsbrünnlein soll eine Wasserleitung in das Herrenhaus hinüber gebaut werden. Arbeit gibt's, viel Arbeit gibt's dort!" Und ein Peitschenknall des Fuhrknechtes unterstrich Eile und Dringlichkeit der fürstlichen Pläne.

Einige Tage vor dem Rogatesonntag kam der Wildmeister von Lindenbühl herabgeritten. Hinter dem Sattel seines Pferdes hingen zu beiden Seiten zwei blaue Leinensäcke. Vertrocknete Blutflecken verrieten den Inhalt. Vor dem Haundorfer Pfarrhaus hielt er sein Pferd an und entnahm den Leinensäcken ihre Last. Es waren zwei Hirschkeulen, die er der Pfarrmagd übergab. Dann zog er aus der einen Seitentasche den in einem feinen Netz verpackten Wildaufbruch und übergab diesen der herbeigerufenen Pfarrfrau mit den Worten: „Mit Empfehlung meines hochlöblichen Herrn von Onoldsbach-Brandenburg."

Der Pfarrer staunte nicht wenig, als er, von einer Haustaufe aus Eichenberg zurückkommend, sein Heim betrat und seine Frau ihm von dem großen Segen aus Lindenbühl berichtete. „Dieser Unteroffizier Falck und seine Wünschin müssen wohl große Günstlinge unseres Markgrafen sein, weil er sich diese Hochzeit soviel kosten läßt", meinte der Geistliche.

Die Frau des Pfarrers dagegen zog bei dem Mittagsmahl ihre Stirn in Falten. „Hoffentlich gibt es nicht wieder Krieg, weil so viele Husaren in letzter Zeit durch das Dorf reiten! Ein Husar namens Mabiar habe eine rottuchene Hose zwischen dem Eichenberger Fischwasser und dem Dorf Sinderlach verloren, trotz eifrigen Suchens von zwölf Husaren und auch einer größeren Untersuchung in der Schnackenmühle und in Sinderlach konnte das wertvolle Kleidungsstück nicht mehr seinem Besitzer zurückgebracht werden. So viele Husaren! Ist das nicht ein Zeichen eines kommenden Krieges?"

„Nein, nein", erwiderte der Pfarrer, „einen Krieg wird es nicht geben, denn der Markgraf ist ja mit dem König von Preußen verschwägert. Wer es wagen würde, einen Krieg anzuzetteln, der bekäme es mit Preußen und seinen starken Regimentern zu tun. Weder Österreich noch der Franzose würden einen Krieg wagen."

Die Pfarrfrau fuhr fort, sie habe durch die Wildmeisterin von Lindenbühl erfahren, daß Friederike Louise, die Gemahlin des Markgrafen, sich in Onoldsbach nicht wohl fühlen soll. Durch die Dienerschaft sei es durchgedrungen, daß sie sehr unter Heimweh nach Berlin leide. Jedes zweite Wort von ihr hieße: „Aber in Berlin, da ist alles anders, viel feiner und nobler, als hier in der Markgrafenschaft. Wenn ich das gewußt hätte . . ."

„Vielleicht gibt es doch einen Krieg, und zwar einen Krieg gegen Preußen", meinte die Pfarrfrau.

„Ausgeschlossen", fiel der Pfarrer seiner Frau ins Wort, „es ist nicht denkbar, was du sagst, denn nicht erst seit der Heirat unseres Markgrafen Carl Wilhelm Friedrich mit der Tochter von König Friedrich Wilhelm I., dem Soldatenkönig, sind die beiden Herrschaftshäuser miteinander verwandt. Diese geht viel weiter zurück. Bereits Burggraf Friedrich VI. von Nürnberg, ein Vorfahr unseres Markgrafen, wurde auf dem Konstanzer Konzil im Jahr 1415 von König Sigismund mit der Mark Brandenburg belehnt, weshalb unsere Flursteine hier im Fränkischen seit dieser Zeit die Buchstaben OB für Onoldsbach-Brandenburg tragen." In belehrendem Ton fügte der Pfarrer noch hinzu: „Krieg gegen Preußen, das hieße Verwandtschaft gegen Verwandtschaft."

Damit endete das Tischgespräch im Haundorfer Pfarrhaus. Die Wildkeulen wurden in Obstessig eingelegt. Stück für Stück wurde in den nächsten Tagen von Barbara, der Magd, aus dem Keller geholt und zu duftendem Wildbretbraten verarbeitet.

Indessen gingen die Bauarbeiten in Georgenthal zügig voran. Nach seiner Vollendung schaute das Schlößchen trutzig in die Waldlichtung hinein. Mit fünf Pferdefuhrwerken wurde der Hausrat aus Bruckberg, Onoldsbach und Gunzenhausen herbeigeschafft. Dann kamen zwei kräftige Frauen aus Großbreitenbronn und schrubbten Dielen und Kammern, befreiten das ganze Haus vom Dachboden bis zum Keller von den Spinnweben seiner Vergangenheit. Denn Spinnen und Spinnweben mochte die neue Herrin von Georgenthal nun einmal nicht leiden.

Vom großen Weg an der Nordseite führte ein schmaler Steg um das Schloß herum zur Südseite. Über einem Graben lag die alte Brücke. Die beiden seitlich angelegten Treppen, die zur Veranda und damit zur Haustür führten, zählten sieben Stufen. Hell und freundlich kam das Sonnenlicht in das verborgene Waldschlößlein. Aber keinem Späher sollte es vergönnt werden, einen neugierigen Blick durch die Fenster zu werfen; denn dafür sorgten die neueingeglasten Spiegelscheiben und die neumodischen Gardinen, die aus Frankreich jetzt für Herrenhäuser herübergebracht wurden. Im Erdgeschoß war der Flur und die Küche zur linken Hand mit Solnhofener Platten belegt. Die schöne Stube auf der rechten Seite hatte nach Süden hin drei Fenster. Und dann geht es in den ersten Stock hinauf, der zugleich Dachgeschoß ist. Hier ist überhaupt nichts wiederzuerkennen. Die große Dachhaube des Walmdaches birgt drei geräumige Zimmer. Das grüntapezierte Südwestzimmer ist mit dem Himmelbett und einer Spiegelkommode ausstaffiert. Auch die kleine ungarische Ebenholzwiege hat seitlich des Bettes ihren Platz und zeigt an, daß das alte Jagdschloß eines Tages auf Kindersegen wartet. Die Pelztruhe wurde auf die Nordseite gestellt und bot für zwei Mann Platz. Die gegenüberliegenden Räume mit den einfachen Betten und Truhen waren für das Gesinde, den Kutscher und die

Husaren gedacht, letztere hatten das Schloß Tag und Nacht zu bewachen. Dann gab es ja noch die nahegelegene Wildmeisterei Lindenbühl, wo man bis zu 25 Gäste unterbringen konnte.

Den Bauern aus Leidingendorf und Oberhöhberg war der große Aufwand für das kleine Schlößlein nicht verborgen geblieben. Es entstand das Gerücht, der Markgraf Carl Wilhelm Friedrich verlege seinen Regierungssitz von Onoldsbach nach Jörgerthal. Aber wer dieses Gerücht weitersagte, der tat es mit spöttischem Unterton.

3. Kapitel

Hochzeit im grünen Wald

In den Morgenstunden des Sonntags Rogate 1734 sprengte ein Reiter auf dem Weg von Georgenthal über Leidingendorf nach Haundorf. Das Pferd schnaubte heftig durch die Nüstern und dampfte vor Schweiß, als der Reiter vor dem Pfarrhaus die Kandare zog. Schnell band er das Tier, wie vor kurzem bei der Trauanmeldung, an den Gartenzaun. Er öffnete das Tor und schlug den schweren gußeisernen Ring an die Haustür. Der Pfarrer meinte, da werde ihn halt jemand von der Birknersfamilie aus Dematshof zum Sterbebett des Austragbauern holen wollen. Die Magd öffnete die Haustür und fuhr vor leichtem Schreck etwas zurück, als sie einen markgräflichen Husaren in blauer Uniform erblickte. Es war derselbe, der vor wenigen Wochen zu der Hochzeitsanmeldung gekommen war. Sie hatte noch nicht vergessen, daß er sie von unten bis oben mit prüfendem Blick gemustert hatte, als sie die Brotzeit auftrug. Die derben Späße der beiden damals hatten ihr die Schamröte ins Gesicht getrieben. Dieses Mal hatte der Bote des fürstlichen Herrn keinen Brief zu übergeben. Der Pfarrer hatte eben erst seinen weißen Chorrock angezogen, als die Magd ihn bat, an die Haustür zu kommen. Verwundert schaute der Geistliche in das vollbärtige Gesicht des jungen Söldners. Beide reichten sich die Hand, und dann wurde nach dem Grund des Besuches zu so früher Stunde gefragt. Erst räusperte sich der junge Mann, dann war das Wiehern des Pferdes zu vernehmen. Ja, er komme, um im Auftrag seines Herrn den Pfarrherrn nach Georgenthal zu bitten. Er möchte nach dem Gottesdienst dorthin kommen, um die Copulation dort vorzunehmen, weil es der Jungfer Elisabeth nicht gut ginge. Sie habe gestern und heute wieder Schwächeanfälle erlitten. Der Husar konnte sich nicht so geschickt in Worten ausdrücken, wie damals sein preußischer Kumpan. Der Herr Markgraf selbst werde seine Equipage nach Haundorf schicken lassen, um den Pfarrer abzuholen.

„Wenn es so ist", gab der Geistliche zur Antwort, „dann komme ich gern und will die Trauung im alten Herrensitz zu Georgenthal vornehmen."

Während der Pfarrer in der St.-Wolfgang-Kirche auf der Kanzel stand und einen Blick auf das Stundenglas warf, um festzustellen, wie lange er noch zu predigen habe, wurde in Georgenthal alles zum Festmahl vorbereitet. Elisabeth Wünsch ging noch einmal vor das Haus, um frische Waldluft zu atmen. Dabei sah sie eine Unzahl von roten Käfern mit zwei schwarzen Punkten unter einem Stein hervorkriechen. Es waren Feuerwanzen, die ihren ersten Winterausgang wagten und nach toten Insekten Ausschau hielten. Der Ekel vor diesen Tieren überkam sie und ein Würgen durchzuckte sie. Schnell lief sie ein Stück weiter in den Wald hinein, denn es sollte niemand Zeuge sein, wenn sie sich erbrechen mußte. „Vielleicht war der Fettgeruch der Küche mehr Anlaß zum Übergeben als die Wanzentierchen", dachte sie.

Rasch kehrte sie wieder in das Haus zurück und ging die Stiege hinauf. Dabei mußte sie sich am gedrechselten Handlauf der alten Eichentreppe abstützen. Der Geruch der frischen Farben lag noch in der Luft, denn der Maler Helger aus Weidenbach konnte die Tüncherarbeiten erst in den letzten Tagen vollenden. Wohltuend sog sie die öl- und terpentingeschwängerte Luft ein, obgleich diese sich auch mit dem Geruch des Wildbratens aus der Küche vermischte.

In der großen Stube, die nach dem Süden lag, setzte sie sich auf die Pelztruhe. Noch waren ihr das Haus und die Umgebung fremd und atmeten Unheimlichkeit aus.

Vor einigen Tagen war sie aus Leidendorf mit wenigen Habseligkeiten hierhergekommen. Es waren eine größere und kleinere Holztruhe, beide mit buntbemaltem österreichischem Blumenmuster. Zwei Kleider von ihr sowie sieben große und zehn kleine Leinentücher von ihrer Mutter selig enthielten diese Möbelstücke. Dazu das gebleichte Totenhemd, das damals zu jeder

Aussteuer gehörte – mit dem gestickten Namen Eva Elisabeth Winkler.

Heute blieb ihr keine Zeit, sich in diesem alten Herrschaftshaus fremd zu fühlen. Zwei Hochzeitsköchinnen aus Weidenbach waren schon vor zwei Tagen gekommen, um alles aufs beste für das Fest zuzurichten. Aus Lindenbühl wurden durch den Wildmeister viel Milch, Butter, Käse, Fasanen und Rotwildfleisch geliefert. Aus der Heglauer Mühle kam gutes Weizenmehl. Die Pfeffer- und Zimtkuchen waren schon gebacken und lagen auf alten Zinntellern auf dem Küchentisch, dazu die Wasserkriegel und Zuckerstücke. Sogar ein kleines Faß mit griechischem Wein kam gestern auf einem kleinen Fuhrwerk aus der Markgrafenstadt in die Waldeinsamkeit.

Es sollte ein Hochzeitsfest im kleinen Rahmen sein. Außer den drei adeligen Trauzeugen war noch der Bruder von Elisabeth gekommen, er hieß Andreas. Die zwei Husaren sollten ebenfalls nicht fehlen und notfalls Köchinnen und Trauzeugen noch in der Nacht oder wenigstens am nächsten Morgen nach Weidenbach und Jochsberg zurückbringen. Zwei Brautmädchen mit Namen Adelgund und Louise aus Irrebach sollten nun die Begleiterinnen von Elisabeth in all diesen Tagen sein.

Nur ein Musikant aus Ornbau würde mit seiner Fiedel in den Nachmittags- und Abendstunden zum Tanz aufspielen. Elisabeth gewann wieder die innere und äußere Fassung über sich. Sie schaute in den Spiegel und kämmte die hellblonden Locken aus der Stirn zurück. Zum Glück war ein wenig Röte in die Lippen zurückgekehrt, und als sie versuchte zu lächeln, gewann ihr Gesicht ein schelmisches Aussehen. Sie zog jetzt ihr einfaches, mit Blumen besticktes Leinenkleid aus und rief die Treppe hinab nach Louise und Adelgund, damit diese ihr in das rosa Taftkleid hineinhelfen und die Knöpfe auf der Rückseite sorgfältig zuknöpfen möchten. Die schwarzlackierten Schnallenschuhe schauten ein wenig fremd unter dem langen Kleid hervor. Als Braut kam sich Elisabeth so fremd vor. Noch einen letzten Blick in den Spiegel, sie wich etwas zurück, und sie meinte, eine Fremde schaue

ihr entgegen. Dabei hob sie ihre Hand und drehte den Zeigefinger
nach außen. Es war eine Geste der Selbstberuhigung. Aber noch
mehr war es die Fremde, die sie mit fragendem Blick aus dem
Spiegel anstaunte.
Als sie so versonnen nachdachte, hörte sie Hufgetrappel und das
Poltern eines Wagens. Ein Eichelhäher ließ seine warnenden
„Rätsch-rätsch"-Rufe hören und floh in Richtung Diebsbrünnlein.
Der Kutscher in Husarenuniform sprang vom Bock, band das Leit-
seil an die alte Birke und beeilte sich, den Verschlag zu öffnen.
Schnell kam eine junge Mannsgestalt, ebenfalls in Husarenuni-
form, aus dem Schlößlein und hieß den Pfarrer einen herzlichen
Willkommgruß.
„Bekannt und doch nicht bekannt", dachte der Pfarrer, als der
breitschultrige Soldat seinen Namen mit Unteroffizier Johann
Wilhelm Falck angab. Noch einmal wandte der Geistliche einen
Blick zurück zur Equipage.
„Meine Tasche", sagte er.
Schon schritt der junge Soldat zur Kutsche und trug nun die große
braune Tasche zum Schloßeingang. Mit freundlichen Worten bat
er den Geistlichen, in das Haus einzutreten. Noch nie hatte der
Pfarrer in all seiner Amtszeit die Schwelle dieses alten markgräf-
lichen Jagdschlosses betreten. Er wunderte sich, wie licht und
freundlich das große Zimmer auf der rechten Seite war. Auf die
hellen Tapeten waren Jagdszenen gemalt. Es waren Reiher und
Falken, die in den Lüften schwebten und ihr tödliches Spiel miteinander trieben. Der neue Parkettboden war mit feinem weißen
Sand bestreut. Zwei Stühle standen vor der alten Kommode mit
Silberbeschlägen.
Der Pfarrer nahm ein altes Kruzifix aus seiner Tasche, zog den
weißen Chorrock an und nahm das große schwarze Buch in die
Hand. Zu beiden Seiten des Kreuzes stellte er noch zwei Zinn-
leuchter mit elfenbeinfarbigen Kerzen. Jetzt kam derselbe junge
Mann in Husarenuniform mit Epauletten, die ihn noch breit-
schultriger erscheinen ließen. An seiner Hand führte er Elisabeth.
Die Blässe im Gesicht der Braut war jetzt einem zarten Rosa ge-

wichen. Der Pfarrer schätzte das Brautpaar gleichaltrig, so auf Anfang bis Mitte in den zwanziger Jahren. Er bat sie, auf den bereitgestellten Stühlen Platz zu nehmen. Andreas, der Bruder von Elisabeth, und die beiden Husaren, die Hochzeitsanmelder gewesen waren, setzten sich auf eine Bank zur Linken. Dagegen saßen die drei adeligen Herrn als Trauzeugen zur Rechten.

Nun bat der Geistliche seine kleine Hochzeitsgemeinde, mit ihm die beiden Liedverse aus dem Paul-Gerhardt-Lied „Befiehl du deine Wege" zu singen. Der Gesang mit den rauhen Männerstimmen gab dem Raum beinahe etwas Drohendes. Der lange Trausermon des Pfarrers über das Wort aus dem Buch Ruth „Wo du hingehst, da will auch ich hingehen" bereitete die Traufrage vor.

Der Unteroffizier Falck gab ein lautes klares Ja von sich, als er gefragt wurde, ob er in guten und schlechten Zeiten, in Gesundheit und Krankheit verspreche, seiner angetrauten Ehefrau Elisabeth Wünsch die Treue zu halten, bis der Tod ihn scheide.

Das Ja von Elisabeth kam etwas schüchtern, doch für alle in der Stube hörbar. Beide wandten sich einander zu, schauten sich tief in die Augen und gaben sich die beiden Hände, damit der Pfarrer sie für ihr neues gemeinsames Leben segnen konnte.

Jetzt fiel es dem Geistlichen auf, daß gegen alle Sitte und Ordnung die Braut auf der linken Seite des Bräutigams saß.

„In der Aufregung den Standplatz verwechselt", dachte der Pfarrer.

Nach dem Schlußgebet sang man das Lied Paul Flemings aus dem Jahr 1633: „In allen meinen Taten". Nach dem Segen und dem Amen des Pfarrers ging ein Aufatmen durch den Raum. Der Duft von Wildbraten zog zur Tür herein, als diese von einer der Küchenfrauen geöffnet wurde und ein langer Tisch mit vollen Schüsseln und leeren Tellern hereingetragen wurde. Die Bänke und ein paar Stühle umrahmten den Tisch. Der alte grüne Kachelofen spendete behagliche Wärme, die um diese Jahreszeit in dem alten Schloß aus Sandstein noch guttat.

Die dampfenden Schüsseln stachen von der silbergestickten Tischdecke ab. Nach dem langen Tischgebet des Pfarrers langte jeder mit seinem Zinnlöffel in die Soße, und man holte sich, soviel der Teller faßte. Die Hauptmahlzeit bestand aus Fleisch, in Kohl gebacken, mit Zwiebeln und Grütze. Eine der Köchinnen schenkte aus einem steinernen Krug den griechischen Wein in die bereitgestellten venezianischen Gläser ein.

Die Unterhaltung war lebhaft. Von der Falkenbeiz wurde viel gesprochen. Der Unteroffizier erzählte von den neuen Falkensorten, die von Sizilien nach Triesdorf gekommen seien und auf die Reiher zwischen Muhr und Gunzenhausen in den nächsten Tagen losgelassen würden.

Als nach dem Essen zum Tanz aufgespielt wurde, da sangen Louise und Adelgund die alten Lieder, die sonst nur auf den ländlichen Hochzeiten gesungen wurden.

„Eine schlichte Hochzeit im fürstlichen Schloß", dachte der Pfarrer, „nichts von höfischer Etikette. So mag es der Wunsch der Braut gewesen sein, fern von Prunk und Pomp; eben eine Waldhochzeit."

Am späten Nachmittag holte man die Pferde aus der Umzäunung des Schlosses, in der sie das frische Gras abweiden durften. Nun wurden sie vor die Equipage gespannt. Unruhig stampften die beiden Rösser, als wollten sie jetzt schon dem Hochzeitsfest ein Ende bereiten. Wenn es auch noch nicht so weit war, der Pfarrer wollte nach Hause gefahren werden. Der blonde Husar mit der angenehmen Stimme in preußischem Deutsch begleitete den Geistlichen zum Gefährt. Mit seinen langen dünnen Fingern umfaßte er die Hand des Pfarrers zum Abschiedsgruß. Jetzt beugte er sich etwas vor und sagte: „Der Herr Markgraf wird wegen der Personalia der Braut Euch noch einige Angaben zukommen lassen, solange mögt Ihr mit dem Eintrag in das Traumatrikel noch warten." Dann stieg der Pfarrer in die Kutsche. Der kräftige Peitschenknall trieb die Pferde nun in den warmen Frühlingsspätnachmittag nach Haundorf.

Die hohen Fichten warfen bereits ihre Schatten auf das markgräfliche Jagdschlößchen, das von dem schweren Silberlicht des Mondes schier überflutet wurde. Hinter den erleuchteten Fenstern waren die Schatten der tanzenden Paare zu sehen. Der Reigentanz, die Polonaise, bildete den Abschluß des freudigen Festes. Als dann die Strahlen der Morgensonne den neuen Tag ankündigten, fuhren die illustren Hochzeitsgäste in ihren Kaleschen und Equipagen wieder in Richtung Biederbach und Triesdorf zurück.

Abb. 2: *Der einstige Schloßweiher von Georgenthal heute.*
Foto: J. Schrenk

4. Kapitel

Der Gewissenskonflikt

Drei Tage nach dem Hochzeitsfest im Wald zu Georgenthal holte der Pfarrherr von Haundorf seinen Einspänner aus der Pfarrscheune. Die Magd striegelte den Wallach im Stall und legte dem Pferd das Geschirr um. Mit Wiehern begrüßte das Tier seinen Herrn, und als es ins Freie zum Gespann geführt wurde, blähte es seine Nüstern. Jetzt zeigte das Tier durch fortgesetztes Stampfen und Wiehern seine Ungeduld. Endlich konnte es wieder frische Luft atmen und sollte es wieder die Kraft seiner Muskeln im Traben über holprige Feldwege spüren können. Der Weg führte unterhalb Eichenberg vorbei in Richtung Schnackenweiher und Sinderlach. Wie ein Gegensatz zur froh erwachenden Natur ließ sich der traurige „Lu-lu"-Schrei der Brachvögel vernehmen. Die Kiebitze meinten, im Sturzflug das Gefährt attackieren zu können, aber es war nur ihre Art, von ihrer Nistbrut abzulenken.

Das nördliche Stadttor von Gunzenhausen war geöffnet und hell erklang der Hufschlag des Pferdes auf dem Steinpflaster des Altmühlstädtchens. Das Tier kannte seinen Weg und bedurfte wenig des Zuredens durch seinen Herrn. Im Hinterhof der Gaststätte „Zum Bären" an der Altmühlbrücke empfing der Gastwirt das Gespann aus Haundorf und übergab seinem Stallknecht die Zügel mit den Worten: „Stangenreiter, g'schirr den Rotfuchs aus und versorg' ihn gut!" Der Pfarrer nahm seinen Hut und machte sich auf den Weg zur Lateinschule, um seinen siebenjährigen Sohn Jonathan dort anzumelden. Der Rektor der Schule und zugleich örtliche Spitalprediger Johann Erhard Pacius war mit dem Pfarrer seit deren gemeinsamer Studienzeit an der Universität zu Altdorf bekannt. Nach einer herzhaften Begrüßung fiel der Blick des Haundorfer Pfarrers auf ein kostbares Pergamentbuch mit vielen Abbildungen von Vögeln. Ja, so sagte der Rektor, es koste ihm viel Zeit und Mühe, das Falkenbuch des Hohenstaufen Friedrich II.

„De arte venandi cum avibus" (Von der Kunst, mit Vögeln zu
jagen) aus dem Lateinischen zu übersetzen. Auch das Buch von
Albert Magnus „Liber de animalibus" (Tierbuch) habe er aus
der lateinischen Sprache ins Deutsche übertragen. Beide Bücher
sollen in Onoldsbach zum Druck kommen. Der Markgraf lege
großen Wert auf baldige Beendigung der Monumentalwerke. Als
leidenschaftlicher Jäger unterhält er das größte Falknerkorps in
Triesdorf, das sich sonst kein deutscher Fürst leistet. Einundfünf-
zig Personen hat er eigens dafür angestellt. Carl Wilhelm Friedrich komme des öfteren, um sich über den Fortgang der Übersetzungsarbeiten selbst zu informieren. Übrigens halte sich der
Regent mehr in Triesdorf und hier in Gunzenhausen auf als
in Onoldsbach. Seine Regierungsgeschäfte überließe er seinem
Premierminister Christoph F. von Seckendorff-Aberdar.
Mit freundlicher Geste lud der Rektor seinen Konfrater zum
gemütlichen Platznehmen ein. Die Aufnahme des Pfarrersohnes
in die Lateinschule war mit kurzem Gespräch bald beschlossene
Sache.
„Noch etwas fällt mir ein", fuhr der Gastgeber fort, „hier in Gunzenhausen erzählt man sich, der Markgraf habe aus Leidendorf
bei Triesdorf eine Geliebte – und das nach fünfjähriger Ehe mit
der Königstochter aus Berlin. Diese Geliebte (der Schuldirektor
fügte noch das Wort ‚Maitresse' halblaut hinzu), soll die Tochter
von einem seiner Falkner aus Triesdorf sein und hieße Elisabeth
Wünschin. Sie solle aber einen anderen Namen haben; jedoch der
Markgraf nenne sie so, weil sie ein Mädchen nach seinen Wün-
schen und Vorstellungen sei. Denn mit Friederike Louise lebe er
schon seit einiger Zeit wie Hund und Katze. Er soll sie neulich
bei einem Streit „Preußenluder" genannt haben. Er habe so sehr
geschrien und getobt, daß die Dienerschaft in Onoldsbach dieses
Schimpfwort durch die Türen zweier Räume vernommen habe.
Aber ihnen gegenüber spricht er nur von der Herrin und verlangt
immer und jederzeit den höchsten Respekt von seinen Untertanen
gegenüber seiner Angetrauten. Übrigens soll der gestrenge Herr
die Absicht haben, eine zweite Ehe mit der Wünschin einzugehen,

eine Ehe zur linken Hand, wie das in anderen Fürstenhäusern auch üblich sein soll. Nun, als man sie in Berlin im Jahr 1726 miteinander verlobte, war das Fürstenkind Carl Wilhelm Friedrich 14jährig und das Königskind Friederike Louise zwölf Jahre alt. Es heißt zwar, jung gefreit, nie bereut, aber es ist schon eine Sünde, so junge Menschenkinder aneinander zu binden. Der Berliner Oberhofprediger hat des öfteren auf diesen Mißstand hingewiesen, aber ohne, daß er am Hof Gehör gefunden hätte. Und ich bin sicher, daß Carl Wilhelm Friedrich den entsprechenden Geistlichen finden werde, der diese morganatische Verbindung noch segnen werde."

Der Blick vom Pfarrer fiel auf das aufgeschlagene Falkenbuch. Blitzartig rief er sich den Namen Johann Wilhelm Falck und Elisabeth Wünsch ins Gedächtnis. Aus seinem Gesicht wich plötzlich alle Farbe. Mit den Händen hielt er sich krampfhaft an den beiden Sessellehnen fest. Ein Stöhnen entrang sich aus seiner Kehle. Zwischen dem Haaransatz und den Augenbrauen schwoll die Zornesader wie ein aufgeblähter Regenwurm. Er öffnete den Mund, als wollte er sprechen, und brachte doch kein Wort hervor. Kleine Schweißperlen wurden zwischen Mund und Nase sichtbar. Rektor Pacius sah seinen Kollegen erstaunt an, als er dessen Veränderung gewahr wurde. Jetzt ahnte er, daß ein Zusammenhang zwischen seinem Gast und der amourösen Liebschaft ihrer beiden Gebieter sein müsse. Die Unheimlichkeit dieser Lage unterbrach der Gelehrte von Gunzenhausen mit den Worten: „Wirst Du wohl der Copulierer für die beiden sein müssen?" Ein tiefes Luftholen war von seinem Gegenüber zu hören. Dann entrangen sich dem Mund des Haundorfer Geistlichen die Worte: „Ich habe es schon getan, aber unwissend. Es ist bereits geschehen – im Schlößchen von Georgenthal – vor ein paar Tagen, wie konnte ich nur! Aber ich habe den Markgrafen nie zuvor zu Gesicht bekommen, doch er war es, mit Elisabeth. Welch grausames Spiel hat man mit mir und dem geistlichen Amt getrieben! Ich werde dem Onoldsbacher einen Brief schreiben müssen und um Entlassung aus seinen Diensten bitten."

„Nein, das wirst du nicht tun", fiel ihm sein Freund in die Rede. „Denke an andere Fürstenhäuser! Sagt man nicht, August der Starke von Dresden, der im Vorjahr verstorben ist, habe so viele Kinder mit Maitressen gezeugt, wie es Tage im Jahr gibt? Da ist doch die Verbindung unseres Herrn und Gebieters mit etwa kommendem Kindersegen nur ein Kinderspiel im Vergleich zu August dem Starken." „Nein", sagte der Pfarrer von Haundorf, „Sünde ist Sünde, wie soll ich meine Pfarrkinder auf das sechste Gebot verweisen, wenn schon unsere weltliche Obrigkeit es so dreist treibt und noch dazu sich den kirchlichen Segen erschleicht?"

Pacius erwiderte: „Denke daran, daß selbst unser Vater Luther nach einem Gutachten der Heidelberger Universität die Doppelehe des Landgrafen Philipp von Hessen (1504–1567) mit Margarete von der Saale geschlossen hat, obwohl Philipp mit Christine von Sachsen verheiratet war. Ja, Luther geriet damals ins Zwielicht und büßte an Popularität ein. Aber die Zustimmung der Ehefrau von Philipp und andere seelsorgerliche Gründe mögen ihn zu diesem Schritt bewogen haben. Die Gattin von Philipp hat deswegen zu dieser zweiten Verbindung ihres Ehemannes zugestimmt, weil sie die robuste Art nicht länger ertragen wollte, und so verwehrte sie ihm den ehelichen Beischlaf. Wer weiß, ob es bei unserem Herrn nicht ähnlich ist? Vielleicht hat er das Einverständnis von Friederike Louise, weil sie sich damit ihren Gemahl mit seiner Wildheit vom Leibe halten will."

Der Haundorfer Pfarrer entgegnete: „Aber dies alles rechtfertigt doch nicht die Bigamie unserer regierenden Herren! Sollen sie ein Sonderrecht haben? Sollen für sie Gottes Gebote etwa nicht mehr gelten? Du weißt so gut wie ich, daß nach altem Recht die Todesstrafe sowohl auf Copulierer als auch auf Copulierte von solchen Verbindungen steht. Erst jüngst haben die Altdorfer Juristen um dieses alte Gesetz einen Disput angesetzt." Der Rektor winkte mit der Hand ab und sagte im gelassenen Tonfall: „Wer sollte in diesem Fall Kläger sein? Der Habsburger in Österreich als deutscher Kaiser, eine Schattenfigur, ist weitab. Der Markgraf ist sein eigener König und Kaiser. Wer sollte ihm diese ungesetzliche Verbindung nachweisen wollen?"

Der gelehrte Schulmann fragte weiter: „Willst du diese Hochzeit in das Copulationsregister eintragen und mit welchen Namen?"

Da entsann sich der Landpfarrer der Abschiedsworte des preußischen Husaren in den Nachmittagsstunden von Georgenthal. Dort wurde ihm geraten, mit dem Traueintrag erst noch eine Weisung des Markgrafen abzuwarten. Jetzt wurde ihm klar, daß hier eine böse Verschleierung von Amtsgeschäften von ihm verlangt werden würde, und das erbitterte ihn um so mehr. Halblaut sagte er so vor sich hin: „Ich bin schuldig geworden", und ihm kam in Gedanken die Fortsetzung zu diesem Bekenntnis: Es war die Frage, ob er noch länger Pfarrer sein könne nach dieser fatalen Geschichte.

„Aber er, unser Gebieter, hat das doch selbst zu verantworten", sagte der Schulmann, und er fügte hinzu: „Dich trifft am allerwenigsten eine Schuld. Soll ich etwa den Markgrafen fragen, wie das mit dem Traueintrag zu handhaben wäre, er kommt sicher in ein paar Tagen wieder vorbei, um nach dem Fortgang meiner Übersetzungsarbeiten zu sehen?"

„Nein", sagte der Pfarrer, „der Brief wird wohl von mir geschrieben werden müssen", und damit verabschiedete er sich von seinem Kollegen und Freund. Ohne eine Brotzeit einzunehmen, kehrte er mit seinem Gespann nach Haundorf zurück. Der Bärenwirt sah im Gesicht des Pfarrers die Verärgerung, deren Grund er nicht kennen, geschweige denn erraten konnte. Nach Haundorf reiste mit ihm sein beschwertes Gewissen.

5. Kapitel

Die Liebe deckt auch der Sünden Menge

Die Frühjahrsarbeit auf den Feldern war im vollen Gange. Die neue Rapsblüte erfüllte die Luft mit Honigduft. Das Getreide hatte einen starken Wuchs. Die neuen Erdbirnen, später erst Kartoffeln genannt, legten die Bauersfrauen mit ihren Kindern in die frischgepflügten Äcker. Das Grün der Wiesen überwucherte die Buschwindröschen und die Sumpfdotterblumen an den Wassergräben. Die Lerche schwang sich in die blauzittrige Frühlingsluft. Im und um das Jörgerthalschlößchen regte sich allenthalben Leben. Der Wildmeister von Lindenbühl ließ nach der Südseite zu ein Stück Wald schlagen. Die Bäume wurden von den Waldtagelöhnern zersägt und zu Brennholz für den kommenden Winter aufgeschichtet. Die Rodung wurde alsbald eingezäunt, und aus alten Brettern entstand ein Hühnerstall. Der Verwalter Josias aus Triesdorf brachte zehn Hühner von der neuen Italiener-Sorte mit einem stolzen Hahn, dazu zwei Truthühner, ebenfalls mit einem Hahn. Zuerst schauten sie verwundert in ihre neue Waldheimat. Bald aber entdeckten sie die Ameisenhaufen. Sie scharrten nach den Eiern dieser fleißigen Waldtiere, bis die Ameisen sich mit ihren Fühlern untereinander verständigten, daß sie hier wohl nicht bleiben könnten und Auszug halten müßten. Schon nach ein paar Tagen hörte Elisabeth das aufgeregte Gackern um die Mittagszeit und sie wußte, daß sie bald die Eier aus dem Hühnerverschlag holen könnte.

Die neuen Rosen aus Frankreich, sie wurden La-France-Rosen genannt, kamen ebenfalls aus Triesdorf. Sie erhielten ihren Platz in den Rabatten zur Südseite des Schlosses. Elisabeths Bruder Andreas sollte in diesem Jagdschloß vielerlei sein: Leibwächter für des Markgrafen Geliebte und Frau, Gärtner, Hausknecht, Botendienstreiter. Der Markgraf übergab ihm eine Pistole und eine Flinte. Jagen sollte und durfte er nicht, aber das Raubwild und die Habichte durfte er erlegen. Ebenfalls sollte er mit zwei Husaren auf Personen achtgeben, die unberechtigt sich dem Schlößlein näherten. Er durfte sie mit Worten oder notfalls mit Pistolenschüssen wegjagen. Der Wildmeister von Lindenbühl würde ihm zum Schutz von Elisabeths Leib und Leben zur Hand gehen. Noch zwei Husaren kamen von der Residenz zur persönlichen Sicherheit von Elisabeth. Abwechselnd mußten sie sich mit Andreas als Wachposten bis zum Beginn der Mitternachtsstunde vor dem Eingang des Schlosses postieren. Morgens um fünf Uhr begann erneut ihr Wachdienst. An heißen Tagen durften sie zwar um das Schloß patrouillieren und sich nur bis zur Sichtweite entfernen. Mit Leib und Leben hafteten sie für Elisabeth. Auch mußten sie über alle belanglosen Dinge, die sich in der Umgebung des Schlosses ereigneten, monatlich Bericht erstatten.

In der Woche nach Rogate fing Andreas an, das Schorgärtlein umzugraben. Wurzeln und Steine gab es zur Genüge, denn allzulange war das Hausgärtlein verwildert. Die Waldamsel holte sich in der Mittagsruh aus der umgegrabenen Erde bald einen Tausendfüßler, bald einen Regenwurm. Sie konnte ihren Schnabel gar nicht voll genug bekommen, wenn sie mit ihrer Beute in das kleine Wäldchen in westlicher Richtung flog. Sie verriet damit, daß sie eine Kinderstube zu versorgen habe. Tatsächlich sperrten bei ihrer Ankunft am Nest in der Fichtenschonung fünf hungrige Gelbschnäbel sich auf. Jeder wollte gestopft und gesättigt werden. Aber die Amselmutter konnte man nicht betrügen. Ausnahmen wurden nicht gemacht. Immer der Reihe nach, eins nach dem andern sollte seine Speise bekommen. Auch der große Buntspecht ließ ständig sein Hämmern hören. Er mußte sich noch beeilen, um in der alten Föhre die Nisthöhle tief und geräumig auszubauen. Aus alten Bäumen holte er die Larven heraus, und deren gab es genug.

Elisabeth trat vor die Tür und sang das alte Lied vom Spielmann, der tagaus, tagein immer dasselbe Lied singt, bis ihn einst die Liebe überkommt und er nun ein neues Lied anhebt zu singen.

Des Spielmanns Augen haben in die Augen des Hirtenmädchens
geschaut. Ihre Blicke haben sich zuerst ineinander verfangen,
dann ihre Herzen und dann ihre Seelen. Im Hirtenhaus gab's bald
Hochzeit mit Gänsewein und Hutzelbrot.

Noch öfter sang Elisabeth das Lied, das sie von ihrer Großmutter
gelernt hatte:

> Mei Häusla is nett,
> mei Häusla is kla,
> doch simmer froh,
> daß mer drin sin alla.
>
> Und all mei Zimmer,
> die freia mi nimmer,
> wal i bin im Häusla
> immer alla.

Dieses Lied mußte sie ihrem Mann immer wieder vorsingen. Ihm
gefiel dieses Volkslied im Altmühldialekt über die Maßen. Jedesmal, nachdem sie es gesungen hatte, gab er ihr einen herzhaften
Kuß.

Dreimal wöchentlich fuhr sie zu den Frühgottesdiensten. Ihr Bruder brachte sie mit dem kleinen Pferdewagen in das Dorf. In der
Fürstenloge rechts gleich nach dem Eingang nahm sie Platz, und
damit war sie aus dem Blickfeld aller gerückt, weil das Holzgitter
mit den eng aufeinanderliegenden Rautenkästchen keine neugierigen Blicke von Kirchenbesuchern zuließ. Einmal in der Woche
legte sie nach Überdenken des Beichtspiegels an Hand der Zehn
Gebote ihre Beichte ab. In der kalten Jahreszeit nahm der Pfarrer
sie in seiner Studierstube ab, dagegen wurde in der Sommerzeit
der Beichtstuhl an der Südseite des Kirchenschiffes zum Beichten
benutzt.

Nach einem dieser Wochengottesdienste meldete Elisabeth ihren
Besuch im Pfarrhaus an und übergab dem Pfarrer eine Depesche
des Markgrafen. Höflich, aber in reserviertem Tonfall, bat sie der
Geistliche in das Studierzimmer. Er bot Elisabeth, die er mit
Madame anredete, einen Stuhl an. Während er im Zimmer unru-
hig auf und ab lief, erbrach er das Siegel der Depesche. Mit dem

Daumen riß er das Papier auf. Der schnelle Griff zum Falz und das
Rascheln beim Öffnen ließen die Mißstimmung des Geistlichen
sichtlich erkennen. „Eintrag in das Copulationsregister nicht not-
wendig!" Die Unterschrift trug nur die Initialen CWF MZOB (Carl
Wilhelm Friedrich Markgraf zu Onoldsbach-Brandenburg).
Der Pfarrer nahm hinter seinem Schreibtisch Platz und ähnlich
wie in Gunzenhausen vor ein paar Tagen wich alle Farbe aus seinem Gesicht und die Zornesader schwoll merklich an. Er wollte
seinen Mund auftun und mit einer Strafpredigt, die er sich zurecht-
gelegt hatte, beginnen. Aber als er auf Elisabeth blickte und sah,
daß ein paar Tränen über ihre Wangen rollten, schloß er wiederum seinen Mund. Elisabeth holte ein buntbesticktes Taschen-
tusch aus ihrem Täschchen und tupfte ihre Tränen ab. Mit erstick-
ter Stimme bat sie ihren Beichtiger, doch ihr und ihrem Gebieter
diese Sünde der Ehe zur linken Hand zu vergeben und bei Gott
und ihrem Erlöser für sie beide zu beten, daß Gott am Endgericht
ihrer beiden Seelen gnädig sein möchte. Sie selbst wäre diese Verbindung nicht eingegangen, aber sie sei nun in gesegneten Leibesumständen, und das habe sie bewogen, sich mit dem Markgrafen
zu verbinden. Ursprünglich sollte nach dem Plan ihres Gebieters
die Hochzeit in Onoldsbach in St. Johannis oder Gumbertus statt-
finden, und zwar ohne Anmeldung und ohne vorherige Proklamation. Ganz einfach sollte einer der dortigen Geistlichen mit
vorgehaltener Pistole vom Pfarrhaus zur Kirche gewiesen oder
vielmehr getrieben werden, um dann die Trauung vorzunehmen.
Schon waren zwei Vertraute in den Plan ihres Gebieters einge-
weiht worden, da habe sie versucht, den Markgrafen umzustim-
men. Sie habe vorgeschlagen, in Weidenbach, Merkendorf oder
Haundorf das Copulationsfest zu begehen. Sie habe ihren Wunsch
damit begründet, daß sie fern vom Hof in Onoldsbach, fern jeg-
lichen Hofklatsches, mit einem kleinen Festgehabe diesen Schritt
in ein gemeinsames Leben gehen wolle. Alle, die den Markgrafen
kennen, wissen sehr gut, daß er sich nicht leicht von seinen gefaßten Plänen abbringen läßt. So habe sie ihn doch für eine Hochzeit
ohne Anwendung von Gewalt umstimmen können.

In Georgenthal wolle sie künftig leben, fleißig zur Kirche gehen und dort in der Einsamkeit mit Gottes Hilfe ihrer Stunde der Niederkunft entgegensehen.

Weil sie das Haundorfer Kirchlein so sehr liebe, habe ihr der Markgraf in Aussicht gestellt, für eine neue Orgel auf der Empore zu sorgen. Auch deswegen sei sie gekommen, um es dem Pfarrer zu sagen.

Die Miene des Pfarrers gewann wieder an Zuversicht. Er hatte noch ein paar Fragen stellen wollen. Etwa die, ob die Ehefrau Friederike Louise von dieser Verbindung wüßte oder sie gar guthieße, wie lange sie sich schon kannten und liebten und wie ihr wirklicher Name laute. Aber er schwieg.

Nach einer längeren Pause hielt er es für gut, nicht mehr über die Eheangelegenheit zu sprechen.

„Ja", seufzte er, „mit unserem Gotteshaus ist das so eine leidliche Sache. Seit dem großen Krieg sind nun hundert Jahre über das Land gegangen, aber die Spuren und Narben jener unseligen Zeit sind noch zu spüren. Wenn nicht die vielen fleißigen Exulanten aus Österreich gekommen wären, stünde es schlecht mit unserem Landvolk. Zu wenig Bauern haben unsere Dörfer noch immer. Nur notdürftig konnte das Kirchdach erhalten werden, und an eine Orgel wie vor alten Zeiten ist gar nicht zu denken. Meine Eingabe an das Sommersdorfer Konsistorium wurde immer mit denselben Worten abgewiesen: „Noch nicht, weder Thaler noch Gulden vorhanden."

Jetzt meinte er deutlich einen tiefen Orgelton, dann einen Orgelchoral aus der Ferne zu hören. Sein Gesicht war seitwärts zum Fenster gewendet, und er blickte über die Felder und über das kleine Wäldchen im Süden. Es mag nicht allein der Wunschtraum nach einer Orgel für seine Pfarrkirche gewesen sein, daß er nun mild und versöhnlich gestimmt war. Es war der Blick in die Tiefen einer liebenden und zugleich leidenden Menschenseele, in die er geschaut hatte. Dabei sah er das Bild seiner eigenen Mutter selig vor sich, und es kam ihm ihr Wort in die Erinnerung: Wer lieben will, muß auch leiden können. Beides sah er tief im Gesicht dieser jungen Frau eingezeichnet, und er wußte sich von dieser Stunde an tief verbunden mit Elisabeth. Ihre hellen Augen und ihre flachsblonden Haare mit den zwei Stirnlöckchen waren von kindlicher Einfalt. Ihre Wangen jedoch zeigten verborgene Wehmut, und ihre Gesichtszüge kündeten Entschlossenheit an, den nun eingeschlagenen Weg in guten wie in bösen Tagen zu gehen, so wie sie dies gelobt und versprochen hatte.

Als Elisabeth das Haundorfer Pfarrhaus verlassen hatte, blieb in der Amtsstube ein leichter Duft nach Lavendelseife zurück.

Am Abend dieses Tages zog über den Mönchswald das erste Gewitter. Wild zuckten die Blitze über die Fichten und Eichen von Georgenthal. Der Donnerhall rief sogar kleine Erschütterungen des Erdbodens und des Hauses in der Waldeinsamkeit hervor. Elisabeth faltete die Hände und rief den an, der Sturm und Wellen stillte, daß er nun auch das Toben dieses Gewitters wieder stillen möchte. Aber sie dachte noch an anderes, ja, an ganz anderes an diesem Gewitterabend.

6. Kapitel

Junges Leben in Georgenthal

Der Sommer kam in das Land. Jeden dritten Tag kam ein Fuhr-
knecht von Triesdorf mit einem kleinen Planwagen, der von einer
Stute gezogen wurde. Milch, Butter, Käse, dazu Brot und Bier
brachte Balthasar und trug die wertvollen Güter in den Haus-
keller. An den übrigen Tagen holte Andreas diese Dinge von der
Wildmeisterei aus Lindenbühl. Nur Bier gab es von dort nicht. Der
Wildmeister durfte zu jeder Jahreszeit Wildschweine, Reh- und
Hirschböcke erlegen, aber zu oft wollte er von seinem Recht nicht
Gebrauch machen, denn der Markgraf wollte auf seinem Jagdge-
biet auch noch auf seine Rechnung kommen. Es fehlte an nichts in
Georgenthal. Zwei Glucken führten ihre Küken aus und die Piep-
laute der Alten bei einer gefundenen Larve waren bis in die Küche
des Schlosses zu hören. Später sollten ein paar Kühe nach Georgenthal kommen.
Elisabeth versäumte keinen Gottesdienst in Haundorf. Die Leute
blickten verstohlen hinter den Fenstern, wenn sie mit ihren zwei
Mägden und ihrem Bruder Andreas durch das Dorf zur Kirche
fuhr. Es hieß, die „Betliesel" kommt, weil sie so fleißig das Gotteshaus aufsuchte. Die Bauersleute grüßten von ihren Höfen aus
freundlich. Auf der Straße beugten die Frauen sogar ihre Knie ein
wenig zu einem Knicks und die Männer rissen ihre Mützen oder
Kappen vom Kopf, wie es sich gegenüber den Hochwohlgeborenen gehörte.
Es war ein Sommer mit vielen Gewittern, und jedes erinnerte
Elisabeth an ihre erste Nacht mit Carl Wilhelm Friedrich. Zwei-
bis dreimal in der Woche kam ihr Geliebter meist spät am Abend
von Triesdorf oder Gunzenhausen geritten. Dann mußte noch
Feuer in den Küchenherd gelegt werden. Aus dem feuchttriefen-
den Keller holte die Magd Elsbeth dann Bier oder Wein, während
die andere Magd die Bratpfanne bediente. Meist blieb er nur eine

Nacht, um am anderen Morgen wieder in Richtung Triesdorf oder Selgenstadt nach Bruckberg zu reiten. In Triesdorf war es die Balznerei, die ihn wie ein Magnet anzog, in Bruckberg dagegen waren es seine geliebten Reitpferde, nach denen er sich umsehen mußte. Immer mußte er geschwind gehen und reiten. Oftmals konnte es ihm nicht schnell genug gehen. Der Pferderücken gab ihm den Rausch der Geschwindigkeit, den er brauchte, besonders nach den Stunden seiner Regierungsgeschäfte. Diese waren kurz. „Red Er bündig", sagte er zu dem Seckendorffer, „rede Er ohne Umschweife. Ist das alles? Her zur Unterschrift!" Dann mußte er wieder das Gefühl haben, schnell zur Stelle zu sein, wenn in Schloß Bruckberg ein Pferd ein Füllen warf oder wenigstens ein Hengst seiner Pflicht nachkommen sollte und für rassigen Nachwuchs seine Männlichkeit zu beweisen hatte.

Die Herbsttage waren mild und warm. Anfang Oktober legte sich der Reif über Wald und Wiesen. Elisabeth band in den Abendstunden einige alte Säcke über ihre Rosenstöcke. Sie sollten noch einige Blüten tragen, wenn alle andern Blumen und Blüten schon dahin sein würden. Es gelang ihr auch wirklich, die La-France-Rosen bis in die Tage ihrer Niederkunft hinüberzuretten.

Am 19. Oktober 1734 in den Mittagsstunden fühlte Elisabeth die untrüglichen Zeichen der nahen Geburt kommen. Woher wußte sie, daß eine Erstgebärende viele Stunden auf das Ereignis zu warten habe und deswegen viel, viel Geduld vonnöten sei?

Die Wildmeisterin von Lindenbühl hatte bei einem ihrer Besuche Elisabeth beiseite genommen und in mütterlich-warmen Worten ihr noch so manchen Rat gegeben, den sie dankbar annahm. Viel eingeweichten Leinsamen solle die Schwangere in den letzten zwölf Tagen einnehmen. Hat eine Frau in den letzten zwei Monaten kleine Gesichtsflecken, so wird ein Mädchen kommen, hat sie eine feine, glatte Gesichtshaut bis zur Geburt, dann wird es ein Knabe werden. Dabei blickte die Wildmeisterin in das Gesicht von Elisabeth und entdeckte nicht einen einzigen Fleck und keinerlei Verfärbung. Die Haut lag gleichmäßig zart über dem ganzen Gesicht. Elisabeth mußte ein wenig lachen, als ihr die kundige

Frau ein gesundes Knäblein in Aussicht stellte. Sie wasche sich jeden Tag mit etwas Milch, und das gäbe ihr das gute Aussehen, sagte sie abschließend zur Wildmeisterin.

Als die Wehen stärker einsetzten, schickte sie ihren Bruder Andreas mit dem kleinen Pferdewagen nach Gunzenhausen, um die Hebamme Lies Röttenbacher holen zu lassen. Viele Wochen zuvor hatte diese erfahrene Frau von Carl Wilhelm Friedrich Besuch bekommen und Instruktionen erhalten, alles liegen- und stehenzulassen, wenn es in Georgenthal soweit wäre, um sich unverzüglich dorthin zu begeben. In den frühen Morgenstunden des 20. Oktober war es dann soweit. Nach fünfzehn Stunden Wehen genaß Elisabeth eines kräftigen Knaben.

Der Markgraf hielt sich um diese Zeit mit Dienstgeschäften in Cadolzburg auf. Andreas schwang sich sogleich auf das Pferd und ritt nach Triesdorf, um sich über den derzeitigen Aufenthalt des Kindsvaters von Georgenthal zu erkundigen. Dann ritt er zu einer der alten Stammburgen der Zollern nach Cadolzburg. Nach der Mitteilung der frohen Kunde konnte keine Macht der Welt den Glücklichen dort festhalten. Andreas mußte das Pferd wechseln und mit seinem fürstlichen Schwager über Windsbach, Eschenbach (Mitteleschenbach), Selgenstadt nach Georgenthal reiten.

Noch mit den Sporen an den Stiefeln stürmte der junge glückliche Vater die Treppe des alten Schlößchens hinauf und raste mit Riesenschritten in das Schlafgemach. Zuerst gewahrte er das Kind in der Ungarnwiege und beugte sich tief über den Neuling von Georgenthal. Dann wandte er sich Elisabeth zu, die noch blaß und ermattet von der Geburt im alten Himmelbett lag. Er ergriff ihre Hand, küßte ihre Stirn und blickte wieder zur Wiege. „Fein hast du es gemacht, einen Zollern hast du zur Welt gebracht."

Ein schwaches Lächeln legte sich um Elisabeths Mund. Sie war glücklich und zugleich besorgt um ihren Mann, und auch ihren Bruder vergaß sie nicht.

Sie mögen nun beide in die Küche gehen und eine Stärkung zu sich nehmen. Dann erst wolle sie über Namensgebung und Taufe des Kindes sprechen.

Aber der junge Vater ließ sich so schnell nicht wieder fortschik-
ken. Er lief stracks zur Treppe und rief: „Elsbeth, mache mir und
Andreas vom Pökelfleisch etwas zurecht! Vergiß nicht, Wein aus
dem Keller zu holen! Heißassa, heut' ist ein Feiertag."
Nach der Mahlzeit blieb der Kindsvater in Georgenthal. Schon
morgen sollte der Pfarrer geholt werden, die Paten brauchten
nicht alle zum Tauffest erscheinen. Es genügte, wenn der Inspektor Sack kommen konnte. Das Kind sollte Friedrich Carl nach seinem herzoglichen Großvater aus Württemberg (1652–1698)
benannt werden, aber auch einen Teil seines eigenen Namens
sollte das Kind bekommen: **Carl** Wilhelm **Friedrich**.

7. Kapitel

Taufe auf Schloß Georgenthal

In den Morgenstunden des 21. Oktober 1734 ritt der Onoldsbacher
Markgraf nach Haundorf und verlangte in keineswegs bittendem
Ton, daß der Pfarrer am Nachmittag zur Taufe des ersten Kindes
der Elisabeth Wünschin nach Georgenthal kommen sollte. Der
Markgraf werde ihn, den Geistlichen, durch Andreas abholen
lassen. Er solle sich so um drei Uhr aftermittags (nachmittags)
bereithalten und die vasa sacra, also die Taufgeräte, mitbringen.
Von einem Reisenden aus Venedig hätte er noch einen Rest Jordanwasser, das dann mit Wasser aus dem Diebsbrünnlein vermischt werden könne. Zum anschließenden Taufmahl möge der
Pfarrer dann auch noch dortbleiben.

Als dann aber der Geistliche in seiner Studierstube nicht sofort
seine Zusage zur Taufe gab und nur etwas zögernd fragte, ob
denn auch alles von Rechten sei, was in Georgenthal vor sich ging,
war es mit der Fassung des jungen Kindsvaters schlecht bestellt.
Im Gesicht lief er hochrot an und begann, die letzten Worte des
Pfarrers in spöttischem Ton nachzuäffen: „Ob alles Rechtens sei,
was in Georgenthal vor sich gehe?"

Der Pfarrer erlaubte sich eine abwehrende Bewegung mit der
rechten Hand und wollte das Wort ergreifen, aber sofort fuhr ihn
der Markgraf an, ob er und ganz Haundorf nicht wüßten, von
wessen Gnaden sie immer gelebt haben. Er fuhr in zornigem Ton
fort: „Weiß Er nicht, daß mein Vater anno 1711 an die sechzig
Florentinische Gulden für einen Guß der großen Glocke, die seither auf dem Haundorfer Kirchturm läutet, gegeben hat? Er soll
sich ja nicht so zieren, ich erwarte heute Seinen Dienst, wie ich
von allen meinen Mannen und Untertanen Dienst und Schuldig-
keit erwarte, ohne Widerspruch, ohne langes Fragen und vor
allem ohne Murren und Schelten." Die letzten Worte wurden in
solcher Lautstärke vorgebracht, daß die Magd Barbara und die

Pfarrfrau in der Küche so sehr erschraken, daß sie sich beide die linke Hand vor den Mund hielten und blaß wie die frisch gekalkte Küchenwand wurden. Polternd verließ Carl Wilhelm Friedrich das Pfarrhaus und kehrte in das Waldschlößchen zurück. Als der Pfarrer in gedrückter Stimmung in die Küche kam, hatten sich seine gutmütige Frau und die so ehrliche Magd wieder gefaßt. Der Pfarrer erzählte dann, als die Magd in den Hof gegangen war, warum der Markgraf hier gewesen sei, aber sein aufbrausendes unbeherrschtes Temperament verstehe er gar nicht. Da sagte seine Frau: „So sollen alle Zollern sein, hier in Onoldsbach, in Bayreuth, oberhalb des Gebirges und in Berlin."

Oder, fügte sie noch hinzu: „Vielleicht sind es auch die Vaterwehen, die er nun durchstehen muß." Beide mußten nun ein wenig lächeln, aber es war ein wenig gedämpft.

In den Morgenstunden dieses Spätherbsttages holte Andreas den stellvertretenden Paten Moritz Sack, der in Triesdorf als markgräflicher Inspektor fungierte. Auf dem Weg von Merkendorf nach Biederbach steckte Andreas dem verdutzten Mann ein Säckchen mit 140 Golddukaten mit den Worten zu: „Nehme Er's. Die Goldstücke sind von meinem Herrn, dem Markgrafen, 40 kann der Herr Inspektor für sich nehmen, den Rest möge Er als Taufgeschenk der Kindsmutter übergeben, so, als seien diese von Ihm, dem Inspektor."

In Georgenthal mußte Andreas dann dem Pferd guten Hafer geben. Nach einer kurzgehaltenen Mahlzeit fuhr er nach Haundorf, um den Pfarrer zu holen. Eine Unterhaltung wollte auf dem Weg nicht aufkommen. Andreas wunderte sich über die Wortkargheit des Pfarrers.

Im oberen Schlafgemach fand sich die kleine Taufgemeinde ein. Die Kindsmutter lag in weißes Leinen gebettet, ihre Haare waren ihr von der Hebamme zurechtgemacht, wie es sich für eine Kindsmutter nach überstandenen Wehen gehörte. Die beiden Stirnlöckchen gaben ihr wieder ein zuversichtliches Aussehen. Der Kindsvater trug die Husarenmontur und Stiefel wie einst am Tag der Hochzeit. Er setzte sich auf die Pelztruhe und legte beide Arme

auf die rückwärtige Lehne, während er die Beine weit von sich
streckte. Schon diese Sitzpose sollte für sich sprechen: Herr auf
Georgenthal bin ich. Ja, bei allen Gelegenheiten betonte Carl Wilhelm Friedrich, daß sein Onkel, der Markgraf Georg Friedrich der
Jüngere, nach langem Rechtsstreit mit den Lentersheimern zu
Muhr den ganzen Mönchswald vom kaiserlichen Reichskammer-
gericht zugesprochen bekam, und als Zeichen seiner Präsenz
habe er dieses Jagdschloß bauen lassen. Wald und Wildbret
gehöre nun seit dieser Zeit dem Haus Brandenburg in Onoldsbach. Andreas und der Inspektor saßen auf der Eckbank, und die
Hebamme stand zwischen Bett und Wiege. Ein Tisch mit gedrechselten Beinen befand sich in der Mitte des Gemaches, er war Tauf-
stein und Altar zugleich. Ein in den Spätherbst hinübergeretteter
Strauß von Lan-France-Rosen zierte nicht nur das Sanktuarium,
sondern den ganzen Raum. Sein Duft erfüllte das Wochenbettge-
mach.
Der Pfarrer begann mit folgenden Worten seine Taufvermah-
nung: „Der gnädige Gott hat euch gesegnet, euch ein lebendiges
Knäblein gegeben. Nach der Geburt hat er euch", und dabei
wandte er sich zu Elisabeth, „einen fröhlichen Anblick gegeben,
er verhelfe euch wieder zu eurer Leibesgesundheit. Siehe, Kinder
sind eine Gabe Gottes und Leibesfrucht ist ein Geschenk, Psalm
103, Vers 3." Der stellvertretende Pate mußte nun für das Kind
die Absage an den Teufel, den Fürsten der Finsternis, und allen
seinen Werken und Wesen geben. Danach mußte er nun die Zusage an den dreieinigen Gott geben, und dann wurde er noch an
Stelle des Täuflings gefragt, ob er getauft werden will. Jedesmal
blickte ihn der Pfarrer an, als er sein lautes, kräftiges Ja hersagen
mußte.
Dann hob die Hebamme das Kind aus der Wiege und hielt es über
die Taufschale, die mit Wasser gefüllt war. Der Pfarrer goß drei
Hände voll über das flaumige Kinderköpfchen und sprach: „Mit
Jordanwasser taufe ich dich, weil unser Herr zum Jordan kam
nach seines Vaters Willen, so taufe ich dich im Namen des Vaters
und des Sohnes und des Heiligen Geistes." Dann betete der Täufer

noch den alten reformatorischen Liedvers: „Das Aug' allein das Wasser sieht, wie Menschen Wasser gießen; der Glaub' im Geist die Kraft versteht des Blutes Jesu Christi; und ist vor ihm ein' rote Flut, von Christi Blut gefärbet, die allen Schaden heilen tut, von Adam her geerbet, auch von uns selbst begangen." Daraufhin brachte die Hebamme das Kind zum Bett von Elisabeth und sagte: „Ein Heidenkind hab' ich aus der Wiege genommen, und ein Christenkind haben wir durch die Taufe gewonnen." Das Tauf-mahl wurde im großen Jagdzimmer mit den hellen Tapeten im Erdgeschoß gehalten. Die zerteilten Jungbrathühner und Enten lagen auf der großen Porzellanplatte. Jeder konnte nach Herzens-lust zugreifen. Das Küchenmädchen Elsbeth brachte in zwei gro-ßen Birnenkrügen aus der Ansbacher Fayence-Manufaktur den Kitzinger Vorjahreswein. Bei Bedarf konnte sie immer wieder aus dem großen Kellerfaß Wein nachholen.

Die Laune des Kindsvaters war jetzt wie umgewandelt. Er redete allen, insbesondere dem Pfarrer, gut zu, sich das Essen munden zu lassen. Ja, er bitte um Verzeihung, weil er heute morgen zu schimpflich mit ihm umgegangen sei. Er solle sich's nicht verdrie-ßen lassen und nicht genieren, auch seinem guten Kitzinger Wein die Ehre zu geben.

Er bleibe bei seinem Wort, das er ihm durch Elisabeth gegeben habe, und wolle, wenn die Zeit sich finde, der Haundorfer Kirche zu einem Orgelspiel verhelfen. Er, der Markgraf, wolle fürderhin mit dem Pfarrherrn linder und sanfter umgehen, denn Elisabeth und das Knäblein lägen ihm sehr am Herzen, beide sollen wohl-bewahret sein in Georgenthal, und alles Gedeihen solle mit des Pfarrers Fürbitte und mit Gottes Segen vonstatten gehen. Bevor die Nacht hereinbrach, mußte Andreas den Pfarrer nach Haundorf zurückbringen. In den umliegenden Dörfern Höhberg, Leidingen-dorf und Aue erzählten sich die Bauern, daß ein hoher Herr aus Onoldsbach mit der Jungfer Elisabeth seine Ehrenfröhlichkeit in dem Lustschlößchen zu Georgenthal gehalten habe und daß nun schon in der Wiege ein kräftiger Stammhalter liege, den man in der Taufe versprochen habe.

8. Kapitel

Der Juwelendiebstahl in Georgenthal

Kolossale Aufregung im Waldschlößchen. Es hieß: Ein großer Diebstahl an Juwelen und barem Geld sei in Georgenthal verübt worden, Elisabeths Schatulle sei entwendet worden. Der Kalender zeigte den 4. Juli 1739. Wer mag es gewesen sein, wer hat sich erdreistet, in das Schlafzimmer der Madame einzudringen und sich mit wertvollster Beute unbemerkt davonzuschleichen?
Bestürzung und Schrecken ließen Elisabeth in Tränen ausbrechen.
In äußerster Eile mußte der Markgraf in Kenntnis gesetzt werden. Nur er würde Rat wissen und die Verfolgung des Diebes aufnehmen können, wenn dieser nicht schon weit über Land gegangen ist. „Das Kästlein mit Schmuck, Bargeld, Wechsel und anderen Briefschaften war unter einem Tischlein gestanden, ohnweit der Bettstatt, worüber ein Tuch gebreitet gewesen, so bis auf die Erde herabgehangen", so lautete der offizielle Text des Protokolls, das man noch an Ort und Stelle anfertigen ließ. Sofort mußten die beiden Mägde ein Verhör über sich ergehen lassen. Aber alles Ausfragen und Bitten, doch ja das Kästchen zurückzugeben, war ohne jeden Erfolg. Die Schatulle war auf mysteriöse Weise verschwunden, sooft Elisabeth auch ihr Schlafzimmer durchsuchte, das Kästchen mit dem wertvollen Inhalt konnte nicht gefunden werden. Auch den beiden Husaren, die das Schloß nachts zu bewachen hatten, war nichts Verdächtiges aufgefallen.
Dunkel erinnerte sich Elisabeth daran, vor zwei Nächten Geräusche in ihrem Schlafzimmer wahrgenommen zu haben. Sie war jedoch der Meinung, einer der Dienstboten hätte lediglich die Lichter ausgelöscht. Und nun wurde ihr erst gewahr, daß am nächsten Morgen dennoch die Lichter gebrannt hätten, worüber sie sich zwar im ersten Moment gewundert habe, dann aber den Vorfall nicht weiter ernst genommen habe.

Beide Mägde beteuerten unter Tränen, daß sie in dieser Nachtzeit und auch in der darauffolgenden Zeit nie und nimmer im Schlafgemach der Madame gewesen seien. Die eine Magd hieß Maria Margaretha Schlötterlin. Ihr Vater war Salpetersieder in Merkendorf; die andere hieß Anna Dorothea Eckart und stammte aus Hirschlach. Sofort wurden beide aus dem Dienst entlassen. Dieses vorschnelle Handeln von Madame Elisabeth war nicht im Sinne ihres Mannes. Dieser Umstand sollte die ersten Nachforschungen erschweren.

Erst am nächsten Tag war der Markgraf im Burgbernheimer Jagdforst aufzufinden. Im Windelsbacher Schloß ließ sich Carl Wilhelm Friedrich durch die zwei Botenreiter von dem schrecklichen Vorfall auf Georgenthal unterrichten.

„Der Übeltäter kann mir mit der allerhöchsten Strafe rechnen", so entfuhr es seinem wütenden Mund. Dabei strich er mit der flachen Hand waagrecht an seinem Hals vorbei. Für den umstehenden Wildmeister und den Husaren war das ein klares Zeichen der Todesstrafe. Auf schweren Diebstahl stand damals die Todesstrafe. Sofort ritt der Markgraf mit den beiden Husaren über Colmberg und Lehrberg auf einem Waldweg an der Residenzstadt vorbei geradewegs nach Georgenthal. Dort traf er Elisabeth in untröstlicher Verfassung vor. Immer und immer wieder beteuerte sie, daß sie sich nicht erklären könne, wie solches zugegangen sein könnte. Die Tränen seiner Elisabeth verstärkten seinen Zorn und beflügelten ihn zum eiligen Handeln.

In den Morgenstunden des nächsten Tages ließ Carl Wilhelm Friedrich die beiden Rittmeister Wolf Ehrenfried von Reitzenstein und Anton von Heydenab zu sich nach Triesdorf rufen, eröffnete ihnen den Vorfall und gab Befehl, eine Justiz- und Kriminalzentrale an Ort und Stelle einzurichten. Er gab dieser Kommission zu wissen, „daß alle Mühe und Fleiß anzuwenden sei, damit man etwas erfahren möchte". Alle Nachrichten, Hinweise, Verdachtsmomente seien sorgsamst zu notieren, damit jeder Spur, die sich ergäbe, gewissenhaft nachgegangen werden könne.

Für dieses allerwichtigste Gremium in Triesdorf lautete ebenfalls die Devise, sofort und schnellstens zu handeln.

Die beiden Mädchen, die Elisabeth in der ersten Aufregung aus Georgenthal davongejagt hatte, ließ man durch Husaren in Merkendorf bzw. Hirschlach aufspüren und nach Merkendorf bringen. Durch den markgräflichen Verwalter Ernst und den hochherrschaftlichen Rittmeister von Reitzenstein wurden beide Mädchen dort verhört und nach Gunzenhausen zur Arrestierung (Untersuchungshaft) gebracht. Gleichfalls ließ man den Vater der einen Bediensteten, den Salpetersieder Hanaß Michael Schlötterlin aus Merkendorf verhaften und nach Gunzenhausen bringen.

Nun galt es, dem Hinweis des einen Husaren nachzugehen, daß ihm das Schlötterlin-Mädchen gesagt habe, daß die Hennenbacherin, die kurz vor dem Diebstahl aus dem Dienst der Madame gejagt worden ist, einige Tage zuvor sich in Georgenthal herumgetrieben habe. Auf die Nachforschung dieser Spur legte man großes Gewicht. Noch in derselbigen Nacht ließ der Markgraf durch seine Husaren das Haus des Porzellanhändlers Heidingsfelder in Hennenbach umstellen und durchsuchen. Die Schwester von Frau Heidingsfelder, einst Köchin in Georgenthal, ließ man verhaften und nach Merkendorf, dann nach Gunzenhausen zur Arrestierung bringen.

Aus diesem ersten Verhör konnte noch nichts ans Tageslicht gebracht werden.

Nun schaltete der Markgraf seinen vertrauten Hofjuden Isaak Nathan, genannt Ischerlein oder Ischerle, ein. Vermutlich hatte dieser die in Gold gefaßten Juwelen einst von den jüdischen Goldschmieden aus Fürth besorgt. Deshalb konnte er eine genaue Beschreibung des entwendeten Schmuckes geben. Er war auch der Meinung, „daß der Diebstahl von einer bekannten und der Gelegenheit in dem Schloß Georgenthal kundigen Person verübt worden sei".

Er schien ferner über die Vermögensverhältnisse von Madame Elisabeth bestens unterrichtet zu sein, denn er gibt zu Protokoll: „Er wisse bei fünf Gulden, was die Madame an Juwelen und barem

Geld besitze, und solchemnach versichere er, daß der Wert des Diebstahles nicht so vieles, sondern nur 15 000 Gulden betrage." Nach Angaben von Elisabeth wurde der Inhalt der Schatulle mit 100 000 bis 200 000 Gulden angegeben. Er gibt weiter zu Protokoll: „Die Madame hätte in Gebrauch gehabt, denen zu ihr gekommenen Leuten das Kästlein mit dessen Juwelen zu zeigen und vorzugeben, als wenn solche 100 ja wohl 200 tausend Gulden wert wären. Er, der Engvertraute des Markgrafen, dagegen gibt an: In diesem Kästlein hätte die Madame ihre Schuldscheine und Wechselbriefe, dann auch ihren Geschmuck an Juwelen, laut des überreichten Verzeichniß nebst ihren baren Geld in ca. 500 Gulden, worunter 400 Gulden an Gold (Mar d. or) gewesen, gehabt."

Insgeheim ließ der Markgraf das Haus der Familie Heidingsfelder in Hennenbach beobachten. Es wurden Kundschaften gelegt, das heißt getarnte Spione mußten beobachten, wer im genannten Haus ein und aus ging.

Sowohl in der Residenzstadt als auch in Fürth ließ man in der Judenschule den Diebstahl „ausrufen und verkündigen". Vor Ankauf dieses Schmuckes wurde gewarnt. Dazu erhielten alle Goldarbeiter hier und in Fürth Anweisung, bei Auftauchen des beschriebenen Schmuckes sofort Meldung zu erstatten.

Bald konnte der Jude Mathele aus Ansbach anzeigen, daß ein kostbarer Ring bei einem hiesigen Juden für 100 Taler feilgeboten worden ist.

Die Hofgärtnerin von Schwaningen (Unterschwaningen) sei mit dieser Frau hier in Ansbach gewesen.

Sofort ist dieser Spur nachgespürt worden. Ja, bis nach Feuchtwangen wurden die Ermittlungen ausgedehnt. Aber ohne jedes Ergebnis.

Nun stürzte sich die Kommission von Triesdorf auf die Ermittlungen in Sachen Heidingsfelder.

Einmal war in Erfahrung zu bringen, daß in der nächtlichen Haussuchung in Hennenbach der „porcellain-Händler Heidingsfelder knapp seiner Hosen entwischet hätte, womit selbiger alsofort entsprungen sei".

Dann war zu erfahren „daß der Genannte in schlechtem Rufe stehe". Aber noch mehr belastender für ihn war die Tatsache, „daß er seit dieser Zeit heimlich nach Hennenbach gekommen und gleich wieder unsichtbar worden sei". Nach reiflicher Überlegung wurde beschlossen, das Heidingsfelder-Eheweib (Anna Magdalena Heidingsfelder, geborene Ziegler) mit möglichster Behutsamkeit einziehen zu lassen. Nach anfänglichem Leugnen geriet sie in eine dergestaltige „Confusion" und gab dann folgendes Bekenntnis zu Protokoll: „Ihre nunmehr arrestierte Schwester habe halt so ein Kästlein gebracht, welches sie zusammengeschlagen und sonach die darinnen geweste Sachen vergraben, das Kästlein aber verbrannt." Nach dem Motiv des Diebstahles ihrer Schwester gefragt, gab sie an, „ihre Schwester habe es aus Bosheit getan, daß sie der Madame das Kästlein entwendet, weil diese sie so übel tractieret".

Nach diesem „gütlichen Bekanntnis" gab die Angeschuldigte an, „daß ihr auch bekannt sei, wohin die Sachen vergraben worden".

Nun war es heraus. Eine Erleichterung für die, die zu ermitteln hatten, und zugleich für sie, die das Geständnis ablegte.

Jetzt führte man die Mitwisserin und Hehlerin aus dem Gefängnis nach Hennenbach, um den Ort zu zeigen, an dem die Wertsachen und das Geld vergraben lagen. Über die Ausgrabung der gestohlenen Juwelen und des Geldes ist ein ausführliches Protokoll geschrieben worden. Alle Inhaftierten wurden nun von Gunzenhausen nach Ansbach gebracht. Allesamt mußten sich noch einmal einem Einzelverhör zu dieser Sache unterziehen. Der Markgraf ließ alle, die geholfen hatten, Licht in diese dunkle Sache zu bringen, wissen, wie sehr er mit ihren Angaben zufrieden sei. Das Verhör der Täterin Katharina Zieglerin, genannt Hennenbacherin, war jetzt nur noch eine Formsache. Im Protokoll hieß es dann: „Nach einigem verstockten und boshaften Leugnen hat sie auch endlich ihr Bekenntnis getan. Mit vielen Umständen erzählte und bekannte sie, daß sie zuvor mit ihrer Schwester ihr Vorhaben erörtert habe. Nachts um 12 Uhr sei sie in das Schloß Georgenthal

gegangen. Dann habe sie sich unbemerkt von den wachthaben-
den Husaren sofort in das Zimmer, worinnen die Madame ge-
schlafen, eingeschlichen, allda bis zu morgens früh 4 Uhr still
gesessen. Dann habe sie das Kästchen genommen und sei damit
fort den geraden Weg auf Hennenbach zugegangen. Ihrer Schwester, der Heidingsfelderin, habe sie es gesagt: Sie hätte das Kästlein aus lauter Gift und Zorn davon getragen. Hernach wäre solches aufgesprenget, die Sachen herausgenommen und vergraben,
das Kästlein aber samt deren Briefschaften inclusiv Wechselbrie-
fen verbrannt worden."

Schon in den Zeiten, in denen die Zieglerin in Diensten von Elisabeth gestanden, machte sie aus ihrem Herzen keine Mörder-
grube. Sie sagte der Madame klar heraus, was ihr nicht gefiele
und wozu sie fernerhin nicht mehr bereit sein werde. Weiter
wollte sie durch ihre Aufmüpfigkeit auch die andern zwei Mägde
gegen die Herrschaften aufhetzen. Sie sagte der Madame frei ins
Gesicht, es wäre ihr genug, wenn „Er, der Herr", zur späten
Nachtstunde zwei- oder dreimal in der Woche nach Georgenthal
komme, daß sie dann noch Feuer in den Herd legen und Gesotte-
nes und Gebratenes zubereiten müsse. Das wolle sie ja noch hin-
nehmen. Aber dann zur Sommerszeit, wie erst jüngst etliche Male
geschehen, sich erst noch des nachts an den Schloßgraben stellen
zu müssen und bei dem ersten Quaken eines Frosches mit der langen Rute ins Wasser zu schlagen, damit die hohe Herrschaft ohne
Froschquaken in Ruhe einschlafen könne, das sei denn doch
zuviel. Dazu sei sie künftig nicht mehr bereit, weil auch in der
Nachtzeit in Georgenthal so viele Viecher sind, die einen stechen
und plagen wie ansonsten nirgends.

Diese Beschwerde von einem ihrer Menscher (damalige Bezeichnung für Dienstboten), mit fuchtelnden Armbewegungen vorge-
tragen, war für Madame Elisabeth Grund genug, des Zieglers
Kathrein aus dem Dienst davonzujagen. Und sie tat es sofort.
Unter Murren und Schelten verließ die Hennenbacherin das
Schloß. Als sie über die Brücke ging, drehte sie sich um, erlaubte
sich eine Faust gegen die Schlafzimmerfenster der Madame zu

machen und murmelte halblaut vor sich hin: „Warte, warte, ich komme wieder!" Weder ihre Drohgebärde noch ihre Prophezeiung wurden von den Schloßbewohnern gehört.

Sie ist wiedergekommen und hat sich an ihrer Brotgeberin auf ihre Art gerächt. Die anderen beiden Mägde erklärten sich damals bereit, für Nachtruhe ihrer Herrschaft durch Fröschepatschen künftig Sorge tragen zu wollen. Der Markgraf drängte sein Justizratskollegium, baldigst den Prozeß einzuleiten und den Schuldigen ihre gerechte Strafe zukommen zu lassen. Das Protokoll berichtet, daß er dazu neige, der Haupttäterin das Todesurteil zu erteilen. Jedoch gelang es dem Justizrat Schnizlein, den Markgraf und das Justizkollegium dahin zu bringen, daß von der Todesstrafe abgesehen werden konnte. Ein Urteil auf lebenslänglich genügte auch schon.

Schleunigst mußten die Akten durchgesehen werden. Mehr als zwanzig Protokolle mußte das Justizratskollegium beachten. Dann galt es, das Gutachten zu erstellen. Schon am 18. Juli 1739 war der Prozeß geendigt und das Urteil abgefaßt.

Das in Triesdorf abgefaßte Urteil über die Jörgenthaler Diebstahl-Sache lautete, daß

1. *die Catharina Zieglerin in das allhiesige Zuchthaus auf ewig gestoßen und vorhero einer Züchtigung mit nachdrücklichen Karabatschenstreichen empfangen –*
2. *die Anna Magdalena Heidingsfelderin aber statt der in Vorschlag gebrachten sowohlen öffentlichen als Zuchthaus Strafe nach abgeschworener Urfehd des Landes auf ewig verwiesen. Dann*

3. die Christina Dorothea Heidingsfelderin, eine Tochter des
   flüchtigen Porzellanhändlers aus erster Ehe, 15 Jahre alt des
   Arrests entlassen.
4. die Unkosten der Zieglerin und Anna Magdalena Heidingsfelderin jeder zur Hälfte auferladen werden sollen.

Somit erhielt die Haupttäterin ein Urteil auf Lebenslänglich.
Zuvor wurde sie mit einer Lederpeitsche ausgepeitscht. Ihre
Schwester als Mitwisserin und Mitplanerin erhielt Landesverweis
für alle Zeiten und mußte schwören, niemals mehr in ihrem
Leben markgräflichen Boden zu betreten.

Das Urteil mußte am selben Tag vollstreckt werden. Der Salpetersieder Hanaß Michael Schlötterlin und seine Tochter Maria Margaretha, dazu die Anna Dorothea Eckartin, sind als unschuldig
befunden worden und wurden aus der Haft entlassen.

In den Abendstunden warf Elisabeth einen Blick aus ihrem Schlafzimmerfenster. Später als sonst war der Sommer in diesem Jahr
nach Georgenthal gekommen. Vor lauter Nässe und Kälte konnten die Holundersträucher ihre Blüten nicht zur Entfaltung bringen. Als dann die heißen Tage anfangs Juli ins Land kamen, ver-
schwendete der Holunder seine Blüten in üppiger Fülle und
manch andere Sträucher taten es ihm gleich. Auch die Linde auf
der Südseite des Schlosses hatte in zwei Tagen ihre Blüten für
Bienen und Hummeln aufgehen lassen.

Jedes Jahr konnte Elisabeth den Holunderschaumwein nach
einem Rezept aus der Familienüberlieferung zubereiten, den ihr
Gebieter nur so in sich hineinschlürfte. An Lobworten für dieses
genüßliche Getränk ließ er es nicht fehlen. In diesem Jahr hatte
sie die Zubereitung aus lauter Kränkung und Ärger über den
Schmuckdiebstahl vollends übersehen.

Jetzt, als sie den verführerischen Duft des verblühenden Holun-
ders einatmete, wurde ihr das Versäumnis bewußt. Ekel überkam
sie und die letzten Blütendolden schienen ihr spöttisch zuzuwin-
ken, gleichsam als wollten sie sagen: In diesem Jahr haben wir
dich überlistet.

Sie wollte die Fenster schließen, um den penetranten Geruch des alten Strauches hinauszusperren, als sie meinte, fernen Hufschlag zu vernehmen. Sie hatte sich nicht getäuscht. Carl Wilhelm Friedrich ritt schon über die Holzbrücke. In der rechten Hand hielt er ein gefülltes weißes Leinensäckchen. Als er Elisabeth erblickte, schwenkte er dieses durch die Luft, dabei lachte er wie ein Schelm über das ganze Gesicht.

„Ich habe sie! Sie sind wieder da!" sagte er überlaut in Richtung zum Obergeschoß des Schlosses.

Elisabeth stürmte die Bodentreppe herab. Nach einer stürmischen Umarmung auf den Stufen zum Schloßeingang übergab ihr der Markgraf das schwere Leinensäckchen. „Aber das Kästchen", sagte sie und schaute ihn fragend an. „Ach, die Schatulle", gab er ihr zur Antwort, „die ist dahin. Der Hofschreiner wird dir eine neue anfertigen. Wenn du willst, laß ich ihn hierherkommen, dann magst du angeben, wie er sie ausstatten und verzieren soll."

Scherzhaft fügte er hinzu: „Ganz nach dem Geschmack der Madame."

Im Zimmer mit den Jagdtapeten nahm Elisabeth zuerst die Juwelen aus dem Säckchen und hielt sie für kurze Zeit prüfend und bestaunend in ihren Händen. Dann zählte sie die Goldstücke, und erst jetzt fragte sie nach den Wertpapieren. Aus dem Mund ihres Mannes erfuhr sie nun die Einzelheiten über die Umstände des Diebstahls und ihrer Auffindung. Wie sie über das zugedachte Strafmaß der Täterin dachte, war aus ihrer Miene nicht ersichtlich.

9. Kapitel

Wildschaden im Mönchswald

Im Jahr 1743 richtete das Wild in der Haundorfer Flur großen Schaden an. Die Dorfleute stellten Flurwächter auf, die Tag und Nacht die Felder bewachten und notfalls die Wildtiere in den Wald trieben. Dabei lebten sie immer in der Angst, den Zorn des Markgrafen von Ansbach eines Tages zu spüren. Den Pfarrer von Haundorf sprachen die Dorfbewohner immer wieder an, dem Markgrafen doch die Bitte vorzutragen, endlich gegen das Wild in Haundorf und in Dematshof etwas zu unternehmen. Einmal hatte der Pfarrer schon mit dem Wildmeister über diese leidliche Sache gesprochen. Dieser aber habe dem Oberhirten von Haundorf erklärt, der Markgraf schone das Wild in dieser Gegend, um dann bei einer Treibjagd recht viel davon erlegen zu können.

Eines Tages ließ der Bauer Johann Neudörfer den Pfarrer von Haundorf wissen, daß bei den Landwirten große Klagen darüber geführt würden, daß das Wild, vor allem wenn es gleich herdenweise daherkam, große Flurschäden anrichten würde. Die Schweine graben Löcher in die Erde, daß man mit halbem Leib darin stehen könne. Dem Hegelhammersbauern haben die Wildtiere trotz aufgestellter Wachleute einen ganzen Morgen Acker zerwühlt. Die Hirschen seien so erfahren, daß sie mit ihrem Geweih die Geländerstangen abheben und dann, wie im vorigen Herbst geschehen, die Krautbeete abgrasen.

Auch das Wetter machte den Bauern zu schaffen. Gerade in diesem Jahr setzte das heiße Wetter bereits im Mai ein, was für die Ernteerträge kein gutes Zeichen bedeuten sollte. Häufiger als sonst besuchten die Haundorfer daher die Bittgottesdienste, wobei sie einerseits um ausreichend Regen, zugleich aber um Schutz vor Hagel und Sturm Fürbitte leisteten. Das Kyrie der Bauern war bis auf die Straße hinaus zu vernehmen. Bei einem der Bittgottesdienste, an dem auch Elisabeth zusammen mit ihrem Bruder Andreas und ihrem ältesten Sohn Friedrich Carl zugegen war, blieb es dem Pfarrer nicht verborgen, daß Elisabeth wieder in gesegneten Leibesumständen sein müsse. Ihr bleiches Gesicht und ihr kurzer Atem ließen ihn einen Blick auf ihre Taille werfen. „Ja, es müßte so sein", dachte der Pfarrer. Nun kam ihm der Gedanke, spätestens bei der anstehenden Taufe die Anliegen seiner Pfarrkinder dem Markgrafen vorzutragen. Das müßte die beste Gelegenheit sein.

Die Wölcknersfamilie aus Leidingendorf berichtete dem Pfarrer, daß man Elisabeth mit ihrem Gatten so häufig wie nie zuvor in der Umgebung von Georgenthal und Lindenbühl habe sehen können. Einmal haben Waldarbeiter die beiden engumschlungen auf dem Weg von Georgenthal nach Lindenbühl gesehen. Der Sohn Friedrich Carl habe unterwegs Schmetterlinge gefangen. Wie ein verliebtes Paar haben sie gelacht, ja geradezu geschäkert, aber sie seien so langsam gelaufen, weil Elisabeth wieder in guter Hoffnung sei. Die Hunde von Elisabeths Gemahl seien auch immer vor- und zurückgelaufen, weil ihnen diese Gangart viel zu langsam gewesen sei.

Vom Wildmeister zu Lindenbühl erfuhren der Haundorfer Pfarrer und seine Frau anfangs September, daß sich in der Residenzstadt jedermann auf einen hohen Besuch rüste. Der Preußenkönig Friedrich, der Bruder der Markgräfin, habe sich zum Besuch angemeldet und wolle bis Mitte September in der Markgrafenstadt sein und dabei auch in Triesdorf einen Besuch abstatten.

Übrigens müsse man Elisabeth mit Madame und Freifrau von Falkenstein anreden, so gebiete es der Markgraf selbst.

Nun flüsterten sich die Leute zu, daß dieser Name die Passion des Markgrafen andeuten solle, nämlich die Falkenliebhaberei.

Abb. 3:   *Mann mit Jagdhorn (Walzenkrug um 1750).*

10. Kapitel

Der Preußenkönig und die Falkenkinder

Schon in den Maitagen des Jahres 1743 wurden zwischen Berlin und Onoldsbach eifrig Depeschen hin- und hergesandt. Der Schwager Friedrich meldete sich zu einem Hausbesuch in der fränkischen Residenzstadt an. Der Preußenkönig wollte einmal seine zwei Schwestern, die Markgräfin Wilhelmine von Bayreuth und die Markgräfin Friederike Louise, wiedersehen.

Der zweite Grund seiner Reise bestand darin, die alten Hausverträge zwischen den beiden Zollernhäusern, durch die der Erbanfall an Preußen festgelegt werden sollte, zu erneuern.

Aber noch einen Grund hatte das Erscheinen des Preußenkönigs, darüber sollte kein Regierungsprotokoll berichten können.

Über Bayreuth, Nürnberg, Wicklesgreuth kam der Monarch am 16. September in die Markgrafenstadt. Die Wege von Bayreuth herunter in die Norisstadt waren holperig, trotz der Auffüllungen der Löcher und Pfützen. Der König war jetzt 31 Jahre alt und seit drei Jahren König von Preußen. Als 18jähriger war er im Jahr 1730 mit seinem Vater, dem Soldatenkönig, das letzte Mal in Onoldsbach und sogar in Triesdorf gewesen. Die Strenge seines Vaters verbitterte damals den jungen Kronprinzen so sehr, daß er von Triesdorf aus einen Fluchtversuch nach Frankreich vorbereitete. Auch wenn die französische Grenze noch einige hundert Kilometer entfernt war, der Hohenzollernprinz wollte es mit allen ihm zur Verfügung stehenden Mitteln versuchen, aus der Nähe seines tyrannischen Vaters zu entkommen. England war sein Traumziel.

Sein Vater erniedrigte ihn vor den Hofleuten. „Der Junge watschelt, statt wie ein Soldat aufzutreten!"

Einmal, als die ganze Königsfamilie angetreten war und alle dem König die Hand küßten, kam es zu einem offenen Zerwürfnis zwischen Vater und Sohn. Einen Augenblick nur zögerte Fritz, es mag nur ein paar Sekunden gewesen sein, da riß ihn der Vater an den

Haaren zu Boden und befahl ihm, die Stiefel zu küssen, so wie jeder Herrscher der damaligen Zeit es von seinen Leibeigenen verlangen konnte.

Nur fliehen, das war seine Losung. Aber sein Schwager, der Markgraf, witterte damals Scherereien, ließ den Kronprinzen überwachen und vereitelte so die Flucht. Selbst die Briefe an seinen geliebten Freund Heinrich von Katte nach Berlin wurden abgefangen. Die Reise ging damals weiter nach Heidelberg, und dort mißlang der Fluchtversuch mit den Folgen der Hinrichtung seines Freundes und Mitverschworenen.

Auf dem Weg von Ansbach nach Heilsbronn schien der König eingeschlafen zu sein und lehnte seinen Kopf an die Wand des Gefährten. Aber er schlief nicht. In Wirklichkeit dachte er nach, wie sein Leben aussehen könnte, wenn ihm die Flucht nach England geglückt wäre. Er stellte sich vor, auf irgendeinem Landsitz eine Bleibe gefunden zu haben. Von früh morgens bis spät in die Nacht hinein würde er mit Freunden musizieren, komponieren, philosophieren und dichten, genau das Gegenteil von seinem jetzigen Leben, ständig Soldat zu spielen, das ihm von seinem Vater aufgezwungen worden war.

Der Empfang mit 24 Kanonenschüssen unter Trompeten und Pauken in der nun neuerbauten Prunkresidenz von Ansbach beeindruckte den König sehr. Mehrere Tage mußten Maler und Bildhauer mit ihren Gesellen zur Vorbereitung der Illumination im Hofgarten tätig sein, um zu vergolden und zu restaurieren, was immer der Hof nur zu zeigen hatte.

Ursprünglich bestand der Plan, daß Carl Wilhelm Friedrich mit seinem Schwager allein nach Triesdorf reisen sollte, um ihm die neuen Obstsorten und die neuen Rinder aus dem Berner Oberland, dazu die neuen Schafe aus Spanien zu zeigen. Die Hebung der Landesökonomie interessierte den Preußenkönig, aber ihn interessierte noch etwas ganz anderes. Er richtete sein Augenmerk auf Georgenthal und seine Bewohner. Aber seit Tagen regnete es Seidenschnüre vom Himmel. Die Reise nach Triesdorf wurde alsbald aus dem Plan gestrichen. Gleichsam als Ausgleich ließ sich am Abend des 18. September der Markgraf mit seinem Schwager in einer geschlossenen Chaise etliche Stunden durch den Hofgarten kutschieren.

Während die Regentropfen auf das Chaisendach herabprasselten, fing der Preußenkönig ein Gespräch mit seinem Schwager an: „Wilhelmine, die Bayreutherin, ließ mich schon vor Jahren wissen, daß Du Dich mit einer Maitresse von niederster Herkunft vergnügst. Sie sagt, Du kümmerst dich um den Balg mehr als um Deinen Sohn Alexander. Nun, ich bewundere Deine maskuline Fürstenart und möchte Dir keineswegs eine Rüge erteilen, aber . . .“ Spontan fiel ihm der Markgraf ins Wort: „Du weißt doch so gut wie ich, daß Temperament und Laune, dazu die Schwermut deiner Schwester, mir Anlaß gaben, mich schadlos zu halten.“ Er fuhr fort: „Ich möchte von Dir über meine Eva Elisabeth in Georgenthal nicht mehr das Wort Maitresse hören, sie ist mir wahrlich mehr, und mein Sohn Friedrich Carl ebenfalls, er liegt mir sehr am Herzen.“

In der Erregung nannte Carl Wilhelm Friedrich die beiden Namen seiner Geliebten und Frau.

Der Preußenkönig lachte kurz auf und sagte: „Nun gut, aber wie soll es dann mit Madame und ihrem Sohne weitergehen? Hast Du gar an eine Erbnachfolge gedacht? Du wirst ihn doch nicht in den Fürstenstand erheben wollen, übrigens, wie alt ist denn das Jüngelchen?“

Mit dem Wort „Jüngelchen“ fiel er in die Berliner Sprache zurück.

„Er wird in diesen Tagen neun Jahre alt“, erwiderte Carl Wilhelm Friedrich.

Neugierig fragte Friedrich: „Und seither hat es keine Nachkommen mehr gegeben?

„Nein“, sagte der Markgraf und fügte mit ehrlichen Worten hinzu, „bisher hat es keine weiteren Kinder mehr gegeben, nein, bisher hat sich nichts getan.“ Dabei verschwieg er, daß eben in diesen Tagen Elisabeth in Georgenthal ihre zweite Niederkunft erwartete. Der Preußenkönig fragte so in gleichgültigem Ton: „Wie willst Du den Sohn in späteren Tagen versorgen?“ „Wenn er taugt, will ich ihn später zum Korporal oder Fähnrich aufsteigen lassen und ihn dann mit einem Adelsprädikat versehen."

„Gut, gut", sagte daraufhin Friedrich, „es soll mich weiter nichts angehen, wenn dem so ist."

Damit wollte er das Gespräch über seines Schwagers Amouren beenden.

Aber erst jetzt kam es aus dem Mund Carl Wilhelm Friedrichs wie aus einem Abwehrgeschütz: „Und wie ist das bei Dir? Du hast doch die Braunschweigerin gleich nach der Hochzeit auf das entfernte Schloß Schönhausen nahe Pankow weggeschickt. Man sagt doch richtig, daß die Copulatio carnalis mit ihr nie vollzogen worden sei."

Der Preußenkönig lachte auf diese Frage seines Schwagers, und die schwache Beleuchtung im Innern der Chaise zeigte deutlich das schadenfrohe Gesicht des preußischen Gastes, das aber bald in Nachdenklichkeit überging.

Seine Antwort kam erst zögernd: „Ja, weißt Du, Schwager, damals, als mein Vater in Küstrin meinen besten Freund Heinrich von Katte im Gefängnishof erschießen ließ und ich dazu noch die Exekution von meiner Gefangenenzelle aus mit ansehen mußte, ja, da hat mir mein Vater die Seele aus dem Leibe gerissen. Als Kind habe ich mich oft vor der Dunkelheit gefürchtet. Seit Küstrin habe ich vor keinem Krieg Angst, verstehst du, ich fürchte mich seither nicht vor Gott und nicht vor den Menschen, die ich in die Verbannung geschickt habe, nicht einmal vor meinem Eheweib, das mir mein Vater aufgezwungen hat, zu ehelichen."

Jetzt wußte Carl Wilhelm Friedrich, daß er in das Herz seines Schwagers geblickt hatte, nicht aber in die Seele, die gab es nicht mehr.

Er ahnte auch zugleich, daß er nie mehr wieder in das Innere eines Preußenkönigs würde blicken dürfen. Die nebelschwere Regennacht bestärkte gleichsam die letzten Worte des preußischen Herrschers.

„Nein, nein, von mir werden keine Leibeserben nachkommen!"

Der Markgraf gab dem Kutscher Anweisungen, in die Residenz

zurückzufahren. Jetzt wußte er, daß ihn sein Schwager wegen seiner Geschichte mit Elisabeth nur bewunderte, und was sich sein königlicher Schwager erlauben konnte, das stand auch ihm zu, nämlich seine Gattin in die Verbannung zu schicken. Wenn es sein mußte, sollte sie für immer in Schwaningen bleiben müssen. Friedrich würde ihm deswegen keine Vorwürfe machen können. Seine Gedanken waren auf die Waldeinsamkeit von Georgenthal und auf das stündlich eintretende Ereignis, die Geburt seines zweiten Kindes von Elisabeth, ausgerichtet.

Abb. 4: *Der König von Preußen Friedrich II. der Große (1712–1786), Schwager des Markgrafen Carl Wilhelm Friedrich. Beide waren gleichaltrig. – Das Bild stammt aus dem Jagdschloß Windelsbach. Die dortige Brauerei trägt noch heute im Giebel das Zollernwappen und geht auf eine Schankgerechtigkeit der Ansbacher Markgrafen zurück.*

11. Kapitel

Der Hofnarr auf Georgenthal

Nach dem Besuch seines Schwagers in Onoldsbach hielt sich Carl Wilhelm Friedrich nur noch in Georgenthal auf. Dieses Mal wich er nicht von der Seite Elisabeths, und wieder mußte Andreas wie vor neun Jahren nach Gunzenhausen und die Röttenbacher Lies, die Hebamme, holen, als es soweit war.

Am 28. September in den frühen Morgenstunden um 4 Uhr gebar Elisabeth ein gesundes Mädchen. Unruhig ging der werdende Kindsvater in der Küche auf und ab. Bald eilte er in den Keller und ließ aus dem Weinfaß einen halben Krug voll vom vorjährigen Iphofer Wein einlaufen. Hastig trank er aus dem grünen Henkelkrug mit dem Karpfenteichmuster.

Als das Stöhnen von Elisabeth nachließ und einem klagenden Wimmern wich, horchte der Markgraf auf. Dann war das kräftige Schreien eines Neugeborenen zu vernehmen. Es dauerte noch eine Weile, dann rief die Hebamme mit ihrer kräftigen Männerstimme: „Euer Hochwohlgeboren mögen kommen." Carl Wilhelm Friedrich stürmte die Treppe hinauf, und als die Hebamme sagte: „Ein Mädchen, ja, ein gesundes kräftiges Mädchen, Euer Hochwohlgeboren", da gab der Vater mit der Zunge einen Schnalzlaut von sich und geriet völlig aus dem Häuschen. Er lief immerzu von der Wiege zu Elisabeths Bett, hielt kurz ihre Hand und lief wieder zum Kind.

Ein Mägdlein, eine Zollerin! „Potztausend", rief er ein ums andere Mal. Es war 4 Uhr morgens. Eigenhändig sorgte er für einen warmen Trunk Milch aus der Küche.

Am darauffolgenden Tag holte Andreas den Pfarrer, der das Kind auf den Namen Wilhelmine Eleonore taufte. Nach der Gepflogenheit der Zollern erhalten die Kinder den Namen der Großeltern oder gar der Urgroßeltern. Die beiden Großmütter des Markgrafen hießen Eleonore. Sogar nach des Markgrafen Tante

Wilhelmine, der Königin von England, sollte das Kind genannt werden.

Drei Wochen nach vollzogener Taufe sollte das Tauffest abgehalten werden. Elisabeth war inzwischen wieder zu Kräften gelangt. Dazu ließ der Markgraf seinen Hofnarren aus der Residenz holen. Nach überstandenen Wehen und Schmerzen sollte die Lustbarkeit zu ihrem Recht kommen. Der kleine Mann mit seiner Zwergnase und seinem rot-blauen Narrengewand brachte große Erheiterung in das sonst einsame Waldschlößchen. Während der nachgeholten Taufmahlzeit gab er seine ulkigen Späße zum besten. Aus dem Jagdleben seines Herrn erzählte der mit ein- und zweideutigen Worten, die er durch Gesten unterstrich, manche bisher nicht bekannte Episode. Dabei bog er sich seitlich, indem er von einem Bein zum andern wiegte.

Der Markgraf, diesmal in Jagdkleidung, klatschte sich vor Lachen auf die Oberschenkel und lief hochrot an, so daß er fast nach Luft ringen mußte, und ein Hustenanfall setzte nach jeder Szene seiner Lachsalve ein Ende. Jetzt sah der Pfarrer seine Stunde für gekommen, um die Anliegen seiner Pfarrkinder nun vorzubringen.

„Euer Gnaden mögen mir Verzeihung widerfahren lassen, wenn ich mit einer hochnotpeinlichen Petition meiner Pfarrkinder zu Euch rede."

„Ich weiß, ich weiß, die Orgel für Eure Pfarrkinder", sagte Carl Wilhelm Friedrich, „Er wird sich noch ein wenig gedulden müssen, ich habe Euch noch nicht vergessen."

„Nein", sagte der Pfarrer, „es ist noch etwas anderes." Wie einst bei der ersten Taufe äffte der Markgraf die letzten Worte des Pfarrers mit den Worten nach: „Noch etwas anderes. Nun red' Er!"

In ruhigem Ton sagte der Pfarrer: „Es ist wegen des Wildschadens in unserer Gemarkung."

„Ach so", sagte der Markgraf, pfiff durch die Zähne, zwang sich zu einem Lächeln und blickte zum Hofnarren: „Weiß Er, wie dem abzuhelfen sei?"

Das kleine, bucklige Männlein sprang in die Mitte des Raumes, streckte die eine Hand nach vorn, die andere hielt er kurz wie zum

Gewehrhalten und sagte: „Bums." Alle mußten lachen, selbst die Küchenmädchen. „Einfach Bums und wiederum Bums." Dann fing er an zu quietschen wie ein verendendes Schwein. Gelächter. Dann bückte er sich, und seine Handbewegungen sahen so aus, als wollte er graben. Jeder verstand, was nun kommen sollte. Falllöcher für Wildschweine, Hirsche und Hasen sollte dies bedeuten. Diese Löcher wurden zur Winterszeit mit einem großen Tuch leicht bespannt, eine Rübe oder ein Krautkopf in die Mitte des gespannten Tuches gelegt. Das Wild sprang darauf, das Tuch gab nach und das getäuschte Wild fiel in die Tiefe und brach meist die Beine.

Alle lachten wieder. „Aber", sagte der Hofnarr, „nix da, von den hohen Herren nicht gestattet!"

Wieder lachten alle, und der Markgraf erhob den Zeigefinger und sagte lachend: „Schweig, Du Schalk!" „O schade, schade", sagte rasch der Narr und fügte hinzu: „Tellereisen, Schwanenhals."

„Schweig, Du Frevler", sagte lachend der Markgraf. Aber dann versprach er dem Pfarrherrn mit guten ehrlichen Worten baldige Abhilfe durch eine große Treibjagd im Oktober. Mit dem Wildmeister von Lindenbühl, der ebenfalls an diesem Tag mit seiner Frau Gast von Georgenthal war, sprach er schon den Zeitpunkt der Treibjagd ab. Der Pfarrer möge dem Wildmeister Leute aus Haundorf und Aue nennen, die dafür geeignet seien. Im Dezember wolle er dann noch einmal das Wild sichten lassen, aber er wolle ja nicht in das Lentersheimer Gehege kommen und keinesfalls mit seinen Muhrer Lehensleuten einen Streit vom Zaun brechen, denn seine Väter hätten da viel Scherereien und Ärger wegen des Erbanfalles mit den Lentersheimern aus Muhr gehabt.

Mit dieser guten Nachricht kehrte der Pfarrer in den frühen Abendstunden nach Haundorf zurück.

Die Abendschatten der Waldbäume um Georgenthal fielen immer länger und bedeckten das Waldschlößchen. Kühle Luft kam von Westen. Der Rauch aus dem Schornstein stieg kerzengerade in die Höhe und barg unendlich viel Glück in dieser Einsamkeit.

12. Kapitel

Die neue Orgel

Das Jahr 1747 begann mit großem Leid. Elisabeths drittes Kind, das Mädchen Louise Charlotte, gerade erst eindreiviertel Jahr alt, litt unter einem starken Stickhusten. Als sich dieser nicht besserte, rief die besorgte Mutter nach dem Markgrafen und bat um dessen Beistand. Beide veranlaßten, daß man ihren kleinen Liebling in einer geschlossenen Kutsche, die mit gewärmten Ziegelsteinen ausgestattet war, von Georgenthal nach Gunzenhausen brachte. Dort warteten im Oberamtshof bereits zwei kundige Ärzte auf das kranke Kind. Doch trotz aller Bemühungen – zuletzt hatte man versucht, mit warmen Wadenwickeln eine Linderung herbeizuführen – starb die kleine Louise Charlotte am Abend des letzten Januartages.

Auf dem Begräbnisgang zur Gruft in der evangelischen Stadtkirche von Gunzenhausen drehten sich bei Elisabeth die Gedanken immer wieder um den einen Gedanken: „Gottes Hand straft mich, indem er mir mein Kind genommen hat. Das ist der Preis, den ich für meine Einwilligung zu der Ehe zur linken Hand nun entrichten muß. Weil ich Gottes Gebote mißachtet habe, nimmt mir Gott mein Kind und trifft mich dort, wo es am meisten schmerzt."

Verhärmt und abgemagert kehrte Elisabeth in Begleitung ihres Carl Wilhelm Friedrich nach Georgenthal zurück. Sie rührte kaum eine Speise an und weinte nächtelang um ihr Kind. Ihr Leid war mit steigenden Schuldgefühlen verbunden. Da fuhr ihr der alte Gedanke in den Kopf, sie müsse sich doch mit ihrem Schöpfer und Erlöser wieder versöhnen, nachdem sie tage- und nächtelang mit Gott gehadert hatte. Die Orgel! Das alte Versprechen müsse nun endlich eingelöst werden. Ganz kurz war dieser Gedanke über sie gekommen, als sie ihre zwei Finger auf die Äuglein ihres erkaltenden Kindes legte, um sie für immer zu schließen.

„Ich muß mit Carl Wilhelm Friedrich darüber sprechen, ich muß der Kirche in Haundorf zu einer Orgel verhelfen, damit mir nicht noch Ärgeres widerfahre. Das waren ihre Gedanken in den düsteren Februartagen.

Und sie wendete sich wieder dem Leben zu. Im Keller und Vorraum standen die Kübel mit den kahlen Fuchsien, die sie aus der Hofgärtnerei von Onoldsbach erhalten hatte. Mit sparsamer Wasserzugabe konnte sie die meisten Stöcke über den Winter bringen. In den letzten Maitagen ließ sie durch ihre Mägde die Kübel vor den Hauseingang und auf die Treppenstufen stellen. Die kleineren Pflanzen wurden in die Tonkästen auf die Fenstersimse gestellt. Bereits Ende Juni fingen sie zu blühen an und verschwendeten ihre Feuerfarben bis Anfang oder Mitte Oktober. 32 Sorten konnten in der Onoldsbacher Hofgärtnerei inzwischen herausgezüchtet werden, nachdem dem Botaniker Dr. Fuchs die ersten Züchtungen gelungen waren. Nach seinem Namen sollten diese Blumen in künftigen Zeiten genannt werden.

Als Elisabeth Carl Wilhelm Friedrich um eine Beisteuer für die neue Orgel bat, stieß sie nicht auf taube Ohren. Der Lehnhöfers-Schreiner aus Gunzenhausen, der das Särglein für die kleine Louise Charlotte angefertigt hatte, bekam vom Markgrafen den Auftrag für das Orgelgehäuse. Und eine Orgelwerkstätte aus Feuchtwangen lieferte nach dem Maß des Gehäuses die Orgelpfeifen, Windlade, Pedale, Register, Schweller und den Spieltisch. Schon in den ersten Augusttagen kamen von Feuchtwangen die genannten Orgelteile mit Pferdefuhrwerken nach Haundorf. 150 Florentinische Gulden flossen aus der markgräflichen Rentei zur wesentlichen Bestreitung der Orgelanschaffung. 40 Gulden gab Elisabeth als Beisteuer von ihrem Haushaltsgeld dazu. Auch einige markgräfliche Hofbeamte sowie der Wildmeister von Lindenbühl trugen durch ihre Spenden zur Finanzierung der Haundorfer Orgel bei. Der Markgraf drängte zur baldigen Fertigstellung.

Am Sonntag nach dem 7. Juli sollte die Einweihung sein, zugleich ein Geburtstagsgeschenk an Elisabeth. In einem Festgottesdienst nahmen der Dekan von Gunzenhausen und der dortige Kantor die

Einweihung vor. Letzterer konnte mit seiner Kantorei eine Motette zur Aufführung bringen.

An diesem Sonntag kam der Markgraf aus Triesdorf. In seinem Kopf brachte er eine Fülle von Sorgen um seinen Tierpark mit. Die drei Löwen, die erst jüngst aus Dresden gebracht worden waren, konnten sich nur schlecht eingewöhnen in ihrer neuen Umgebung. Oder vielleicht waren die Tierwärter zu ängstlich, was wiederum die Tiere veranlaßte, Widerpart zu geben. Jedenfalls ließ der Markgraf zwei Tierhalter aus Dresden anfordern. Diese sollten so lange in Triesdorf bleiben, bis auch die Wärter aus dem Altmühlkanton mit den Tieren gut umgehen konnten.

Dagegen hatten es die Wärter mit den vier Bären aus Torgau leicht. Nach jeder Abfütterung ließen sich diese Betzen leicht abbürsten und brummten behaglich bei allem Streicheln und Tätscheln der Wärter. Von den Leoparden mußte vor einigen Monaten ein Tier wegen Raserei und Tollheit erlegt werden. Die Gedanken an seine Tiermenagerie begleiteten den Markgrafen, als die Glocken den Gottesdienst einläuteten. Mit Elisabeth und den zwei Kindern nahm er in der Fürstenloge Platz. Für die 25 Husaren aus der Reitschule bei Lindenbühl waren vor der Fürstenloge Plätze reserviert. Die Husaren sollten wie eine Leibgarde den Markgrafen und Elisabeth umgeben.

Der 13jährige Friedrich Carl konnte sich an den blauen Monturen und Epauletten gar nicht satt sehen. Am liebsten wäre auch er schon erwachsen und säße jetzt unter diesen schneidigen Kerlen. Carl Wilhelm Friedrich erriet die Gedanken seines Sohnes und sagte halblaut: „Bald, in ein paar Jahren, kann dein Platz bei denen da vorne sein." Der Junge strahlte über das ganze Gesicht.

Dieses Mal machte der Markgraf von seinem fürstlich überkommenen Recht aus früheren Jahrhunderten Gebrauch. Auf seiner behandschuhten Hand brachte er zwei Falken mit in die Haundorfer Kirche. Einen dieser Falken übergab er an Elisabeth, die ebenfalls einen Lederhandschuh über ihren rechten Arm streifte. Die Tiere trugen Steckhauben, die Glöckchen dazu sollten die Tiere erst nach dem Gottesdienst erhalten. Als die neue Orgel zu spielen begann, mußte Elisabeth weinen. Sie dachte an ihr verstorbenes Kind. Es kam ihr dabei der Gedanke, daß wohl mit ähnlichen Klängen ihr Kind in den Himmel bei Gott aufgenommen worden sei. Zur Ablenkung von ihren Tränen lüftete sie ein wenig die Steckhaube ihres Falken, und die Augen dieses klugen Tieres schauten in die tränenden Augen seiner Herrin. Es sah fast so aus, als ob das Tier verstehen könnte, daß ein Menschenkind von Elend und Leid geplagt sein kann.

Erst als der Dekan seinen Dank an den Serenissimo (Bezeichnung für den Fürsten eines Kleinstaates) Seiner hochfürstlichen Durchlaucht für die Stiftung der neuen Orgel aussprach, horchte Elisabeth auf und gewann wieder ihre Fassung zurück.

Jetzt war ihr diese Stunde mehr als nur Sühne und Genugtuung für ihre begangenen Verfehlungen. Jetzt wußte sie, daß ihr des Todes verblichenes Kind bei Gott im Himmel angenommen und zugleich bei seiner Engelschar aufgenommen war. Ihr Kind ein musizierender Engel – dieser Gedanke war Trost und Erquickung für ihre verwundete Seele und ließ zugleich ihrem Leid einen Sinn abgewinnen. Damit erhielt ihr Vertrauen in die göttliche Führung Stärkung und Zuversicht. Das alte Bibelwort „Die auf den Herrn harren, kriegen neue Kraft, daß sie auffahren mit Flügeln wie Adler" (Jesaja 40, 31), das ihre Großeltern Amslinger (Schmied und Wirt aus Niederoberbach) ihr gelernt hatten, kam ihr in den Sinn. Wie erstaunt war sie, als sie dieselben Bibelworte nun von der Haundorfer Kanzel herüberhörte. Als hätte sie der Dekan ihretwegen ausgewählt! Sie glaubte, der Blick des Geistlichen sei auf sie gerichtet und treffe sie durch das Rautengitter des Fürstenstandes. Aber seine Worte gingen in eine andere Richtung. Er sagte: „Weil die Haundorfer Gemeinde in ihrem Hoffen und Harren auf Gottes Güte und Barmherzigkeit nicht nachgelassen habe, besonders in der Bemühung um die Musica sacra, habe Gott ihr heute durch die erlauchte Obrigkeit aus Onoldsbach und Georgenthal eine neue Orgel geschenkt. Wir alle möchten nicht nachlassen, für unsere frommen und getreuen Oberherren mit ihrem Regimente zu beten. Gott vergelte ihnen alle Freigebigkeit mit seinem reichen Segen."

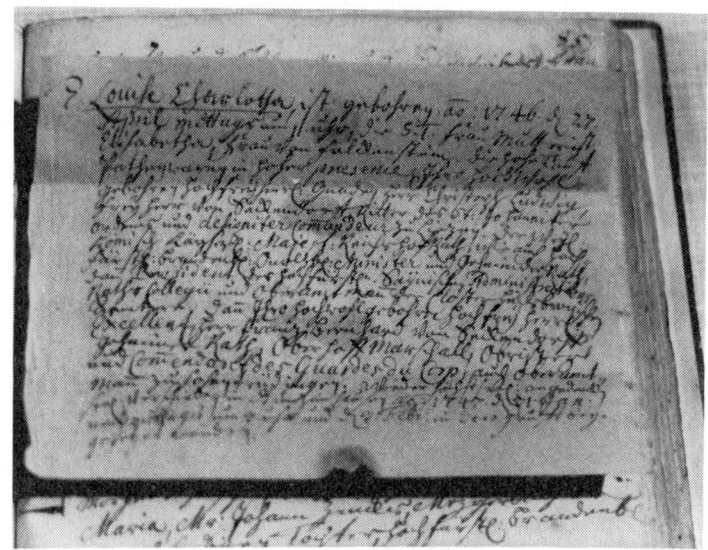

Abb. 5: Der im Haundorfer Taufbuch ursprünglich versiegelte Geburts-
und Sterbeeintrag des dritten Kindes von Carl Wilhelm Friedrich und Elisabeth lautet:

Louise Charlotha ist geboren im Jahre 1746 den 27 April mittags um 11 Uhr.
Die S T (sine titulo = ohne Titel) Frau Mutter ist Elisabetha, Frau von
Falckenstein. Die hohen Taufpaten waren in hoher Gegenwart, Ihro hoch-
wohlgeborener, hochfreiherrlich. Gnaden Herr Christoph Ludwig Freiherr
von Seckendorf, Ritter des St. Johanniterordens und designierter Komman-
deur zu Linzney.
Der weyland römisch kaiserliche Majestätische Reichshochrat auch hoch-
fürstlicher Brandenburg-Onoldsbacher Minister und Geheimrat, dann
Resident des hochfürstlichen Saynischen Administrationsrat Collegii und
Oberamtmann der Klöster Heilsbronnischen Senatoren,
dann ihro hochwohlgeborne, hochfreiherrliche Excellent, Herr Franz Bern-
hard von Seckendorf geheimer Rat Oberhofmarschall Obrist und Komman-
dant der Guardes du Corps auch Oberamtmann zu Hohentrüdingen.
Wieder höchstseeligem Angedenken seelig verschieden in Gunzenhausen
im Jahre 1747 den 31 Januar nachmittags um 3 Uhr und den 3 Februar in
dero Gruft beygesatzet (beigesetzt) worden.

Dieser Taufeintrag findet sich mit erbrochenem Siegel im genannten Taufbuch. Es ist nicht das markgräfliche Siegel. Wahrscheinlich ist es das Siegel
des damaligen Pfarrers.

Nach dem Gottesdienst ließ der Markgraf an alle Erwachsenen Brezen und Wecken und für die Kinder Zuckerkringel austeilen. Eine Bäckerei in Gunzenhausen mußte eine ganze Nacht hindurch diese Präsente backen. Die Rezepte zu diesen Backwaren hatten Hugenottenbäcker aus Frankreich mitgebracht.

Ein kleines Schauspiel sollte das Kirchenvolk noch nach dem Gottesdienst zu Gesicht bekommen. Auf einer Wiese südlich des Pfarrhauses versammelten sich die Geistlichen, die Husaren und viele Menschen. Der Himmel war wolkenlos, als Elisabeth ihrem Falken das Glöckchen anhing und ihn dann in die Lüfte entschweben ließ. Aus einem Stabgitterkäfig entließ sie nun eine Taube. Der Falke kreiste erst über seinem Todeskandidaten, dann nahm er die Verfolgung in Richtung Haundorfer Weiher auf. Alsdann war für den Falken der Augenblick gekommen, in dem er sich auf die Taube stürzte. Wie aus einem Knäuel lösten sich Federn und fielen wirbelnd zur Erde. Dann brachte der Falke das geschlagene Tier. Ein tobender Beifall aller erfüllte den Markgrafen mit Stolz und Freude.

Dann entließ man einen gefangenen Wildentenerpel. In plump flatterndem Flug suchte er Richtung Eichenberg das Weite. Aber schon entließ Carl Wilhelm Friedrich seinen Falken. Nach kurzer Orientierung holte der Falke den fliehenden Erpel ein und stieß seinen Raubschnabel in den Leib des Enterichs, daß dieser zu Boden trudelte. Das verblutende Tier war dann Nahrung für den bis zu dieser Stunde hungernden Falken. Laute Vivatrufe auf den Markgrafen erfüllten die Luft, und das war ihm Dank genug für die gestiftete Orgel.

Dem Pfarrer stellte er noch in Aussicht, künftig die Hofkomödianten von der Residenz hierher zum Kommunizieren zu beordern, damit der Beichtgroschen derselben zur Deckung der restlichen Kosten hinreiche. Dann nahm der Markgraf den Pfarrer noch ein wenig auf die Seite und sagte, er sei ihm dankbar, daß seine und der Elisabeth Kinder in das Pfarrbuch nicht als Spuri (Spurius = uneheliches Kind) eingetragen worden seien und fügte hinzu, daß ihm dies viel, viel wert sei.

Für die Nachmittagsstunden war wieder der Hofnarr nach Georgenthal gekommen, um die Gäste des Hauses, den Wildmeister, den Pfarrer und die Husaren von der Reitschule Lindenbühl mit seinen ulkigen Späßen zu belustigen. Auch die hochherrschaftlichen Rittmeister Wolfgang von Reitzenstein und Anton von Heydenab waren anwesend. Besonders lag dem Markgrafen am Herzen, Elisabeth wieder aufzumuntern. Er wollte wieder in ein lachendes Gesicht schauen.

„Was weiß Er Neues zu berichten?" So redete der Markgraf den Hofnarren mit seinem Narrengewand an.

„Oh, der Graben, Euer Gnaden, der Schloßgraben um Georgenthal mit acht Meter Breite, Euer Gnaden", sagte der Hofnarr. „Der Graben hat viel Arbeit und Mühe gemacht", fuhr er fort.

„Und wo will er hinaus?" fragte der Markgraf.

„War viel teurer als die Orgel, viel, viel mehr", sagte der Spaßmacher.

„Ach so", sagte lachend der Markgraf und hob den Zeigefinger, „vergleichen will Er die Kosten der Orgel mit meinem Schloßgraben."

„Pscht, pscht", nun legte der Hofnarr den Zeigefinger auf den Mund, schüttelte verneinend den Kopf und sagte: „I wo, das ist es nicht. Der Schloßgraben, so sagt der Mund des Volkes, nicht ich, Euer Gnaden, der Volksmund sagt, der hohe Herr habe ihn so breit anlegen lassen als Schutz für Schloß und Schönheit im Schloß. Ja, Schloß und Schönheit müssen geschützt werden, damit keiner, ich meine kein anderer, in Versuchung fällt."

Schallendes Gelächter! Elisabeth mußte über dieses Kompliment so herzhaft lachen wie schon lange nicht mehr. Der Markgraf ließ Order an das Küchenmädchen ergehen, einen Krug Wein aus dem Keller zu holen und den Unterhalter einen kräftigen Schluck trinken zu lassen.

„Fahre Er fort mit seinen Späßen", sagte der Markgraf laut und hörbar für alle.

„Ja, acht Meter Breite mit tiefen Wassern ist Schutz genug für ein schönes Schloß und eine schöne Frau. Ich habe gedacht, der

Keller ist voller Wasser, aber es ist noch Platz für Wein. Ich habe ihn gerade genossen. Mmm, schmeckt wunderbar. Wasser im Keller ist gut, wenn jemand durch den Keller eindringen würde, müßte er vor lauter Wasser ersaufen, wenn er nicht schon zuvor im Schloßgraben ersoffen ist."

Wieder schallendes Gelächter.

In schelmischem Ton fuhr er dann fort: „Ich weiß einen Vorschlag: Serenissimus können drei Wachsoldaten sparen. Ganz einfach, aus der jetzigen Brücke wieder eine Zugbrücke zu machen, dann sind Wachhusaren überflüssig. Nachts die Zugbrücke hochziehen. Perfekter Schutz für Schloß und Schönheit."

Alle bogen sich vor Lachen, und der Markgraf gab seine allerhöchste Zufriedenheit zum Ausdruck über die Künste seines Hofnarren.

Dieser sprach damit ein Problem von Schloß Georgenthal an, das in den vergangenen Jahren dem Markgrafen viel Kopfzerbrechen bereitete. Durch die Anlage des Schloßgrabens war immer wieder Wasser im Keller eingedrungen. Es mußte dann schnell der Wasserspiegel im Schloßgraben gesenkt werden. Mittels Holzrohren mußte dann der Keller wieder kanalisiert werden. Die Holzrohre wurden mit Eisenringen verbunden. Zum ersten Mal hörte der Markgraf, welch eine schöne Legende der Volksmund um diesen Wallgraben, den er 1734 hatte anlegen lassen, gerankt hatte.

Dieses Mal wurde der Hofnarr von seinem Herrn nicht unterbrochen wie einst beim Tauffest. Der Markgraf ließ ihn gewähren. Er freute sich über die frohen und entspannten Gesichter seiner Gäste. Noch mehr freute ihn, daß Elisabeth wieder lachen konnte, das war ihm viel, viel wert. Das ließ er sich sogar einige Goldstücke kosten, die er vor aller Augen seinem Spaßvogel zuwarf.

13. Kapitel

Der Kaiser und die Falkenkinder

Das Geheimnis von Georgenthal war einfach. Carl Wilhelm Friedrich konnte säuberlich zwischen der Residenzstadt und dem Waldschlößchen trennen, zwischen leidlichen Regierungsgeschäften und den Wonnestunden in der Waldeinsamkeit. Es waren zwei Welten, die so nahe und dennoch weit voneinander in seinem Kopf ihr Wesen trieben. Nicht einmal die Temperamentsausbrüche von Friederike Louise, seiner zur rechten Hand angetrauten Gemahlin, die sich nun schon seit über zwölf Jahren nach Schwaningen zurückgezogen hatte, nahm er mit nach Georgenthal. Nur bei Staatsempfängen ließ sich das Markgrafenpaar noch gemeinsam sehen. Bei einer der Zusammenkünfte in der Residenzstadt stichelte Friederike Louise gegen Elisabeth mit folgenden Worten: „Tja, eigentlich müßte die Dirne von Georgenthal scharlachrote Buchstaben mit den Initialen Deines Zollernnamens tragen, wie es die Ehebrecherinnen in England und in Neuengland pflichtgemäß tun müssen, damit jeder weiß, mit wem sie es getrieben haben.“

Der Markgraf lief hochrot im Gesicht an und gab dann spöttisch zur Antwort: „Und wenn sie dieses Zeichen der Brandmarkung trüge, wer wüßte schon in der Waldeinsamkeit oder im Bauerndorfe zu Haundorf um die Bedeutung dieses angelsächsischen Brauches von puritanischer Strenge?“

Und langsam steigerte er sich in Rage, als er seine Angetraute fragte: „Wer hat Dir denn gesagt, daß Ehebrecherinnen in England auf diese Art kompromittiert werden? Etwa Dein Herzensbruder Fritz, den die Berliner jetzt ‚den Großen‘ nennen, der ja im Traume so oft nach England gereist ist, aber nur im Traume, dafür hat Euer Vater ihm schon geholfen?“

Diese Anspielung ärgerte wiederum Friederike Louise so sehr, daß sie fauchte: „Und Du stinkst nach Taubenmist! Warum fütterst

Du Deine Falken in Triesdorf nicht mit Ratten und Mäusen? Damals in Berlin meinte ich, als Königstochter einen fürstlichen Herrn zu heiraten, aber dieser Gestank von Hühnern und Tauben, das Futter Deiner Falken, stößt mich noch mehr ab als Deine Amouren."

Diese Sätze waren wohl das Gemeinste, was aus ihrem Mund gekommen war, und verfehlten nicht ihre Wirkung auf den passionierten Falkner.

Der Markgraf schrie: „Ja, Schwaningen ist für Euch noch gerade gut genug." Er wiederholte, was er ihr schon vor etlichen Jahren aus Gunzenhausen geschrieben hatte: „Wenn Ihr Euch nicht ändert, wenn Ihr Euer schlechtes Betragen weiterhin fortsetzt . . . habt Ihr in Schwaningen zu bleiben, bis ich Euch weitere Erlaubnis erteile."

Er rannte zur Tür hinaus und schlug sie so heftig zu, daß etlicher Stuckverputz aus dem Türrahmen und selbst von der Decke zu Boden fiel. Die Dienerschaft meinte gehört zu haben, daß er seine Frau mit „Preußenluder" beschimpft habe.

Die Schmähungen seiner Frau trafen ihn hart, aber von all ihrem Gegeifer und Gebelfer sagte er nichts zu Elisabeth. Die Vorfälle ließen ihn über die Zukunft seiner Elisabeth und ihrer Kinder nachdenken: „Sollte mir etwas zustoßen, so hätte dies bittere Folgen für sie. Binnen weniger Tage oder sogar Stunden müßte sie mit ihren Kindern den Zollernbesitz Georgenthal verlassen und zum Bettelstab greifen."

Mit Elisabeth besprach er seine Besorgnis um ihre und der Kinder Zukunft und war baß erstaunt, daß diese sich so arglos äußerte: Sie fühle sich glücklich und zufrieden. Und das Arbeiten und Schaffen mit ihren zwei Händen, die ihr der liebe Gott gegeben habe, habe sie noch nicht verlernt. Irgendein Haus in Gunzenhausen oder sonstwo würde sie schon aufnehmen und ihr und ihren Kindern Brot geben um ihrer Hände Arbeit.

Diese Sorglosigkeit seiner Geliebten stimmte ihn nachdenklich. Mit den Räten in Onoldsbach konnte und wollte er über die künftige Versorgung von Elisabeth nicht reden. Da war es für ihn wie

eine Fügung, daß ihm der Hofjude Isaak Nathan, genannt Ischerlein, über den Weg lief, als er durch das Herriedener Tor in seine
Residenzstadt einritt. „Komme Er noch heute abend zu mir in
mein Audienzzimmer", befahl er dem sich tief vor ihm verbeugen-
den Israeliten. „Komme Er zu mir, damit wir ungestört miteinander wichtige Dinge besprechen können." Eilends galoppierte er
über das Kopfsteinpflaster zur Residenz.

In den Abendstunden kam dann Isaak Nathan zum Markgrafen.
Carl Wilhelm Friedrich schickte die Lakaien vor der Tür weg,
indem er ihnen einen Gulden zuwarf und ihnen empfahl, in die
Schankwirtschaft „Zum Goldenen Hirschen" zu gehen und sich
einen guten Abend zu machen; heute bedürfe er ihrer Dienste
nicht mehr. Nein, heute konnte er keine Lauscher an der Tür
brauchen!

„Was meint Er, Ischerlein", fragte der Markgraf, „wie soll ich
meine Elisabeth und die Kinder in späteren Zeiten versorgen?
Weiß Er mir einen Rat?"

Isaak dachte ein wenig nach, das heißt er tat jedenfalls so. Dann
schnalzte er mit der Zunge und begann in unterwürfigem Ton
und radebrecherischerem Deutsch: „Allerdurchlauchtigster, die
Sache seien einfach. Erst Prädikat von Adel für den Sohn – natür-
lich nur für den Sohn, denn Frauensleute können nicht Adel
erhalten, nur durch Geburt. Dann, wenn ein Herr, ich meine
Lehensherr, aus einem Schloß sterben, ich meine aussterben –
dann ihrer Madame mit Kindern geben, dann sie seien versorgt."
Er fügte noch hinzu: „Der alte Hofbaumeister von Schloß Wald,
Herr von Zocha, seien schon sehr schlimm krank. Er haben keine
Kinder, das seien gutes Schloß für Madame und Kinderlein."

„Hm, Adelstitulatur", warf Carl Wilhelm Friedrich ein, „wer sollte
ihn verleihen, etwa mein Schwager, der Preußenkönig, der große
Friedrich?"

„Gott, der Gerechte, bewahre, bewahre, nicht Schwager Fritz."
Wiederum schnalzte Isaak Nathan mit der Zunge. „Nein, nein!
Euer Gnaden schreiben nach Kaiser in Wien, zählen und rechnen
Verdienste von Eurem Sohn Friedrich Carl. Alter brauchen nicht

angeben. Dazu geben Euer Gnaden neues Treuegelöbnis für
Habsburger Kaiser in Wien. Vielleicht auch geben Goldgulden,
dann bestimmt geben Kaiser Adel an den jungen Mann von Georgenthal." Ganz eifrig fuhr er fort: „Wie Ihr nennen Eure Frau mit
andern Namen? Ihr ja immer brauchen einen anderen Namen.
Unsereiner nur brauchen einen Vornamen."
Carl Wilhelm Friedrich antwortete: „Ich wollte sie die Madame
von Falkenstein nennen, doch das Geschlecht derer von Falkenstein oberhalb des Gebirges hat sehr geprotzelt, daß es ein neues
Geschlecht von Falkenstein geben solle. Mein Marschall hat mir
den Protest dieser Herren von Falkenstein zukommen lassen",
und er fügte hinzu: „Gestohlen kann mir dieser Adel von den ärmlichen Kalkfelsenländern bleiben, diese Falkensteins."
Isaak Nathan versuchte nun, beruhigend auf seinen Fürsten einzuwirken, indem er fortfuhr: „Wo haben sich Hoheit kennengelernt mit Madame Elisabeth? Durchlaucht mögen verzeihen, ist
nicht gewesen im Falkenhaus? Also neuer Name könnte sein –
wäre gut – von Falkenhausen. Wäre zugleich Andenken, Erinnerung an erste Liebe." Dabei verdrehte er die Augen und meinte
weiter: „Erste Liebe bei Mädchen vom Lande seien starke und
große Liebe, seien Liebe und Treue bis zum Sterben." Jetzt konnte
der Markgraf wieder schallend lachen, und das wollte der Hofjude. Dieser vermochte, wie viele seinesgleichen, in die Seele
eines Menschen zu blicken und hatte ein Gespür für den Kummer
im Herzen seines Herrn, aber immer zugleich auch ein Rezept
oder besser gesagt, einen Rat, um ihm einen Ausweg aus dem
Labyrinth seiner verschlungenen Pfade zu zeigen.
„Stimmt", sagte Carl Wilhelm Friedrich, „ich kann mich nicht entsinnen, daß der Name von Falkenhausen im Adelsregister verzeichnet wäre." Er war erstaunt über den einfachen Vorschlag
von Isaak Nathan und er ließ seine Arme über die Sessellehne
hängen, gleichsam als Zeichen, daß damit für ihn ein großes Problem gelöst sei. So konnte er sich auch nach außenhin gelöst
geben. In Gedanken sagte er zu sich selber: „Das konnte sich doch
Isaak, mein unentbehrlicher Berater, unmöglich erst heute aus-

gedacht haben. Das mußte er doch schon länger für mich im
Kopfe gehabt haben. Dann mag er nur eine günstige Stunde abge-
wartet haben, um mich aus dem Irrgarten herauszuwinken."
Nach einer Denkpause fuhr er fort: „Gut, sehr gut. Ich danke dir,
Ischerlein. Die Schutzbriefe für dich und deine Familie will ich für
ewige Zeiten erneuern. Gleich morgen werde ich meinem Secre-
tarius dazu den Auftrag geben. Dann werde ich einen Botenreiter
nach Wien schicken. Ach, da fällt mir ein, daß wir zur Immatriku-
lation in das kaiserliche Adelsverzeichnis einen Vorschlag für das
Adelswappen geben müssen."
„Ist so einfach", sagte Isaak Nathan. „Lassen Hoheit den Hofmaler
ein Wappen malen, Falken mit Steckhaube im Wappen und ande-
rer Falken auf Helmbusch, das ist Falken von Madame."
Wieder mußte Carl Wilhelm Friedrich lachen, weil er an die erste
Begegnung mit Elisabeth im Falkenhaus zu Triesdorf denken
mußte. Beide hielten auf ihrer behandschuhten Hand einen Fal-
ken mit perlenbestickter Kappe, beide sahen sich tief in die
Augen. Auch die Falken sahen sich an und gaben den Laut zur
Jagdbalze von sich. Ja, das sollte das Wappen seiner Kinder sein:
In Blau ein silberner Balken, auf dem ein silberner, goldgewebter
Falke mit roter, perlenbestickter Steckhaube sitzt.
Isaak Nathan fügte hinzu: „Noch etwas, Hoheit, wenn Junge ist
erhoben zum Adel, er kann später an den Kaiser Antrag stellen für
Adeligung seiner Geschwister, dann setzen Madame mit Kinder
auf Schloß. Auf schönes Schloß, Madame seien es wert."
Carl Wilhelm Friedrich hätte seinen Berater vor Freude umarmen
mögen. „Wenigstens einer, der mich versteht, wenigstens einer,
dem ich vertrauen kann, wenigstens einer, der mir weiterhilft",
dachte der Markgraf, „wenigstens einer, der offen und ehrlich zu
mir ist."
Er wußte, daß Isaak Nathan den Hofklatsch aufnahm, aber nicht
weitergab. Er konnte sehr gut hinhören auf das Gerede über den
Markgrafen, aber er gab es nicht weiter. Von ihm war nichts her-
auszubringen, was das Privatleben seines Brotgebers betraf, und
einen solchen Mann brauchte Carl Wilhelm Friedrich.

Nach zehn Wochen war der kaiserliche Adelsbrief dann im Früh-
jahr 1747 mit einem freundlichen Begleitschreiben in Ansbach
angekommen. Sofort ließ ihn der Markgraf nach Georgenthal
kommen. Im Nußbaumschrank seines Arbeitszimmers fand das
kaiserliche Dokument einstweilen seine erste Verwahrung. Ja,
mit einer Kränkung von seiten seiner Preußengattin nahm das
Falkenwappen seinen Anfang. Der Trotz konnte einen Fürsten zu
allerhand beflügeln.

Nicht einmal in der Zeit, als das Markgrafenpaar noch in gutem
ehelichen Verhältnis zueinander stand, wollte Friederike Louise
mit ihrem Gatten in das Falkenhaus. Sie konnte den süßlichen
Geruch von eingesperrten Vögeln nicht ertragen, ohne vor Ekel
zu husten. Auch könne sie nicht die verblutenden Vögel ansehen,
die von den Falken geschlagen wurden.

Stolz zeigte Elisabeth ihrem Seelsorger bei seinem nächsten
Besuch den kaiserlichen Adelsbrief. Durch diesen Brief und das
Adelswappen aus Wien war sie Madame Elisabeth Freifrau von
Falkenhausen geworden. Bei der nächsten Niederkunft sollte das
Kind bereits den Namen von Falkenhausen tragen.

Der Pfarrer von Haundorf gestand, daß nun auch er ein erleichter-
tes Gewissen habe. Keine Visitation könne ihm nun einen Fehler
ankreiden. Der Adelsbrief sei eine Legitimation für Elisabeth und
ihre Kinder.

Im darauffolgenden Jahr wurde diese von einem gesunden Knaben entbunden. Nun konnte der Pfarrer von Haundorf guten
Gewissens in das Taufbuch eintragen: Friedrich Ferdinand Ludwig von Falkenhausen, geboren anno 1748, den 21. Novembris
nachts um 12 Uhr. Ihro Gnaden die Frau Mutter heißet Elisabetha
von Falkenhausen.

14. Kapitel

Die Herrin von Schloß Wald

Das Jahr 1749 war für Elisabeth und ihren Gebieter ein Jahr, das mit vielen Plänen ausgefüllt war. Der Markgraf wollte zielstrebig ihrer beiden Fortkommen und Auskommen gesichert wissen. Schon seit Jahren gab er sich den Gedanken und Plänen hin, in Gunzenhausen, dem Ort seiner Vorväter, der Burggrafen von Nürnberg, ein markgräfliches Jagdschloß zu bauen, um dort für sich allein residieren zu können. Während im markgräflichen Oberamt von Gunzenhausen der Amtmann mit seiner Familie und seinem Gesinde lebte, sollte das neue Schloß ihm, dem Markgrafen, allein zur Verfügung stehen. Von hier aus konnte er schnell und von Regierungsgeschäften ungestört in den Altmühlauen Vögel jagen – mit seinen geliebten Falken! Auch nach Georgenthal war der Weg von Gunzenhausen aus nicht allzuweit.

Die Bauarbeiten schritten zügig voran und Carl Wilhelm Friedrich hoffte, bis zum Spätherbst in sein neues Domizil einziehen zu können.

Doch da war noch eine Begebenheit in diesem Jahr, die dem Falkenliebhaber ein großes Glück in den Schoß warf. Die Zochafamilie, die seit mehr als hundert Jahren auf dem Rittergut Wald gelebt hatte, starb durch ihren letzten Sproß aus. Carl Friedrich von Zocha, der hochadelige Edelmann aus Gunzenhausen, starb ohne Leibeserben am 14. Juli in Ansbach. Seinen Leichnam ließ der Markgraf wunschgemäß nach Wald bringen. Dort wurde er am 18. Juli in der hochadeligen Gruft „beygesazet", wie die Chronik berichtet.

Während sich in Ansbach die Todesnachricht vom markgräflichen Obristbaudirektor rasch verbreitete, ritt Carl Wilhelm Friedrich mit einigen Dienstleuten von der Residenzstadt aus nach Wald und ließ alles, was man stehender und liegender Hand vor-

Abb. 6:   *Schloß Wald bei Gunzenhausen heute.*   Foto: J. Schrenk

gefunden hatte, inventarisieren. Das Lehensverzeichnis mit dem Lehensbrief leistete dabei wertvolle Hilfe.

Das Lehensgut Wald fiel nach Erlöschen der Lehensfamilie Zocha an den markgräflichen Hof zurück.

Das war die Gelegenheit! Ein Barockschlößchen in bestem baulichen Zustand vor den Toren Gunzenhausens, in unmittelbarer Nähe zur Altmühl, mit ihren Niederungen und Wiesen, auf denen so viele Arten von Wildvögeln ihr Wesen trieben, wie sonst nirgends.

„Bestens geeignet für die Falknerei", begeisterte sich Carl Wilhelm Friedrich, als er nach dreistündiger Inventarisierung an der Kirche und Mühle zu Wald vorbeischritt und von der Holzbrücke aus den weiten Wiesengrund mit den Muhrdörfern, Mörsach, Ornbau und Hirschlach erblickte. Die markgräfliche Inspektion mit nachfolgender Inventarisierung für Schloß und Rittergut Laufenbürg überließ er seinem Vogt. Er hatte jetzt anderes zu tun. Er mußte in Gunzenhausen nach dem Rechten sehen und schließlich wollte er seinem getreuen und in Bausachen erfahrenen Dienstmann das letzte Geleit geben.

„Paß Er mir gut auf", rief er seinem Vogt zu, „daß alle Dinge aufs genaueste aufgeschrieben werden. Wertsachen möge Er verwahren und mir unverzüglich melden und anzeigen. Denn vakante Schlösser mit Lehensgütern locken schleichende Füchse und Habichte an."

Er spielte damit auf den Versuch so mancher Schloßverwalter an, die bei solchen Gelegenheiten kräftig in ihre eigene Tasche zu wirtschaften versuchten. Von zwanzig Rindern waren dann eben nur zwölf vorzufinden, wenn der neue Lehensherr Einzug hielt, und das waren die altersschwachen, die im Stall verblieben. Das sollte auf den beiden Gütern Wald und Laufenbürg nicht passieren.

Schon einen Tag nach der Beisetzung von Carl Friedrich von Zocha in Wald ließ sich der Markgraf von Gunzenhausen nach Georgenthal kutschieren. Es war ein gewitterschwüler Tag, als das markgräfliche Gefährt Elisabeth und ihren Mann über Haundorf, Büchelberg und Muhr über den Wiesengrund nach Wald brachte. In der Ebene brannte die Sonne unbarmherzig herab und Elisabeth empfand die Hitze weit unerträglicher als in Georgenthal. Zum erstenmal in ihrem Leben kam sie auf die andere Seite der Altmühl. Sie hatte sich Wald ganz anders vorgestellt. In ihren Gedanken sah sie ein Schloß mit vielen morschen Erlenstämmen umgeben. Zudem hatte sie erfahren, daß Wald in früheren Zeiten der Schlupfwinkel eines Raubritters von Gailingen gewesen sei. Dieser soll in Nürnberg gehängt worden sein, weil er dem Ritter Thomas von Absberg die Hand abhacken ließ. Mit Grauen dachte sie daher immer an den Ort Wald mit seinem Schloß. Wie erstaunt war sie deshalb, als ihr Mann vor der Kirche den Kutscher anhalten ließ und auf das Gotteshaus mit den beiderseitigen Treppenaufgängen wies: „Schau Sie sich's an, die künftige Patronatsherrin von Wald. Ja, Kirche und Schloß sind nach französischen Vorbildern gebaut. Der alte Zocha hat viel mit den Hofräten von Paris correspondiert, von wo er dann copierte Pläne gegen Louis d'or in Gold erhalten hat."

Elisabeth mußte sich die Hand vor die Augen halten, so sehr blendeten sie das Weiß und Gelb der Schloßkirche, die vom blauen Himmel nur so abstach. Dann fuhr die Kutsche vorbei an der Schloßscheune und den Stallungen zur Linken und an dem großen Hofhaus zur Rechten und bog um die Ecke. Da lag das Schloß in der Mittagssonne dieses Julitages vor ihren Augen. Elisabeth konnte sich vor Verwunderung nicht beherrschen und rief ein übers andere Mal aus: „Fein, fein, so habe ich es mir nicht vorgestellt."

Sie holte ein Spitzentaschentuch hervor und wischte sich über die Stirn, dabei erblickte sie in den Augen ihres Gebieters dieses wilde Funkeln – wie einst in Biederbach, als sie sich vor dem drohenden Gewitter unterstellen wollte. Er dagegen drängte sie damals, mit in die Waldeinsamkeit zu kommen. Besonders der Vorgarten mit den zwei niedlichen Häuschen, die zur linken Seite als Pförtnerhaus und zur rechten Seite als Wirtschaftshaus dem Walder Schloß vorgeschoben waren, taten es ihr an. Hand in Hand schritten sie die Stufen zur Eingangstür hinauf. Jeden Raum, vom Dachboden bis zum Keller, besichtigten sie gemeinsam.

Als sie nach ein paar Stunden als glückstrahlendes Paar das
Schloß verließen, da verrieten es ihre Mienen, daß der Markgraf
nicht nur vom Schloß Wald aufs neue Besitz ergriffen haben
mochte. Elisabeth konnte sich jetzt auch erklären, warum der
Markgraf so energisch abgewehrt hatte, als sie ihn in Georgenthal
fragte, ob sie nicht die zwei älteren Kinder nach Wald mitnehmen
dürfe. „Nein, nein, die Reise bei solch einer Hitze ist nicht gut für
die Kinder", hatte er ihr zur Antwort gegeben. Beides, das Schloß
und Elisabeth, sollten ihm aufs neue gehören. Beides, das schöne
Zochaschlößchen und Elisabeth, die Freifrau von Falkenhausen,
sollten von nun an zusammengehören.

Im Herausgehen wandte sich Elisabeth noch einmal zum Herrschaftshaus zurück und blickte auf das Zochawappen oberhalb
der Haustür mit der Rose und der Lilie.

Dann schritten beide zur Kirche. Bei einem Blick durch das glas-
lose Kellerfenster erklärte Carl Wilhelm Friedrich ihr: „Da liegt
er, der Zocha. Dort in dem nagelneuen Totenschrein." Elisabeth
erblich über das ganze Gesicht. Ihre Hände erkalteten und es
begann sie mitten in der Sommerzeit zu frösteln. Sie äußerte die
Bitte, die Kirche von innen sehen zu dürfen. Warum wurde sie
gerade zu diesem Zeitpunkt an einen alten Vers erinnert: „Wen
die Lieb' überkommt, den überkommt der Tod." Jedoch den ganzen Reim mochte sie sich jetzt nicht ins Gedächtnis zurückrufen.
Wiederum war sie überrascht, wie hell und freundlich diese
Kirche im Innern wirkte. Auch über der Freiherrenloge war das
Zochawappen angebracht.

„Das wird nun baldigst weichen müssen", sagte Carl Wilhelm
Friedrich, indem er auf das Wappen deutete. „Bald wird hier und
über dem Schloßeingang ein anderes Wappen angebracht werden.
Unsere Falken werden hier und drüben auf die Walder Untertanen und auf den Pfarrherrn herabsehen." Der Markgraf lief
daraufhin zum Verwalter, der im Hofhaus wohnte, und gebot ihm,
binnen weniger Tage beide Zochawappen entfernen zu lassen.

Elisabeth meinte, ein Besuch im Walder Pfarrhaus wäre doch
sicher auch vonnöten. Nein, meinte Carl Wilhelm Friedrich, heute

hätte er keine Lust dazu. Elisabeth könnte dies bei ihrem nächsten Besuch in Wald erledigen. Die überschwengliche Stimme des Geistlichen bei der Leichenpredigt des alten Zocha habe ihm die Lust verdorben, diesem jetzt zu begegnen. Dazu habe der Pfarrer ihn, den Lehensherrn und Brotgeber der Zocha, bei dem Leichensermon mit keiner Silbe erwähnt.

Schon in den nächsten Tagen erhielt ein Gunzenhäuser Steinmetz den Auftrag, die Wappen derer von Falkenhausen für die Freiherrenloge und das Schloß zu erstellen. „Arbeite Er mir schnell", gebot Carl Wilhelm Friedrich dem Steinmetz, „und lasse Er's mich wissen, wenn Er fertig mit der Arbeit ist", und er fügte hinzu: „Ich will mir das Werk erst besehen, und dann kann Er seine Bezahlung erhalten." Elisabeth verbrachte nach der Besichtigung ihres neuen Schlosses die Nacht in Gunzenhausen. Am nächsten Tag wollte sie noch die Altmühlstadt mit ihren Handelsgeschäften und Auslagen besichtigen. Als Herrin über Wald und Laufenbürg kehrte sie in ihre Waldeinsamkeit nach Georgenthal zurück. Ihr ältester Sohn Carl Friedrich war mit seinem Flitzbogen durch die Wälder von Georgenthal gestreift und wußte seiner Mutter von vielen Entdeckungen zu berichten. Es war ein Dachsbau, der ihn immer wieder in seinen Bann zog. Sie streichelte Carl Friedrich über den Kopf und meinte: „Du wirst wohl, wie dein Vater, ein tüchtiger Jäger werden." „Bald wird er dreizehn Jahre alt werden", dachte sie, und dann habe ich einen Mann als Sohn.

Die fast vierjährige Eleonora schmiegte sich an ihre Mutter und wollte nicht mehr von ihr weichen.

Der kleine Ludwig war ein dreiviertel Jahr alt und krabbelte behend durch die Räume des Waldschlosses. Nächstens würde sie für ein paar Tage nach Wald gehen, dann sollten die Kinder und eine der Mägde mitgehen dürfen.

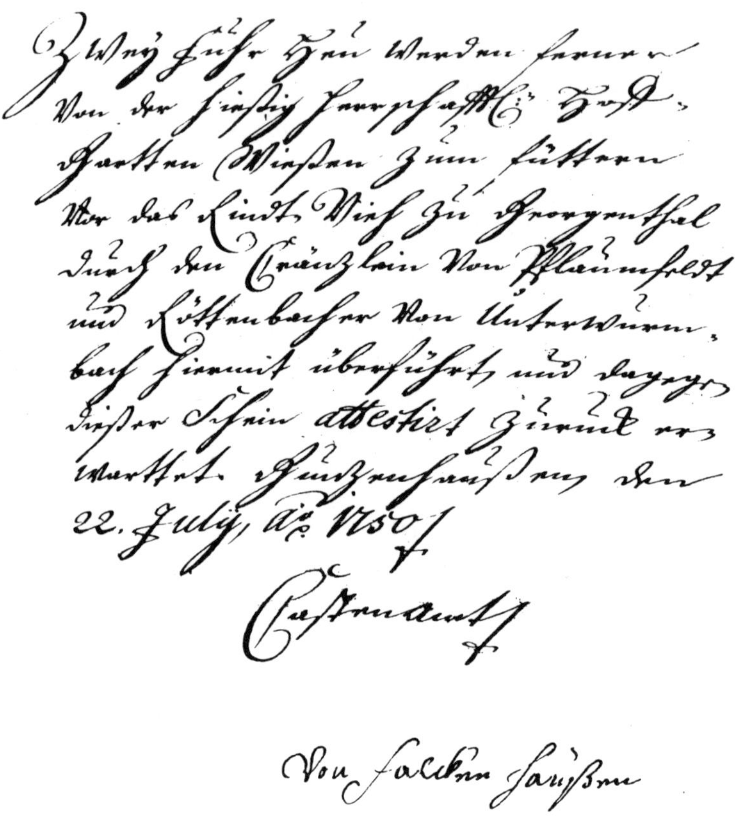

Zwey Fuhr Heu werden ferner
von der hiesig herrschaftl. Hof-
gartten Wießen zum füttern
vor das Rindt-Vieh zu Georgenthal
durch den Cränzlein von Pflaumfeldt
und Röttenbacher von Unterwurmbach hiermit überführt und dagegen
dießer Schein attestirt zurück er-
theilt. Gunzenhaußen den
22. July, Ao. 1750.

Castenamt.

Von Falckenhaußen

Abb. 7: *Kaufbescheinigung über Heulieferung für Georgenthal (1750).*

„Zwei Fuhr Heu werden ferner von den hiesigen herrschaftlichen Hofgartenwiesen zum Füttern für das Rindvieh zu Georgenthal durch den Cränzlein von Pflaumfeld und Röttenbacher von Unterwurmbach hiermit überführt und dagegen dieser Schein als Bestätigung zurückgegeben. Gunzenhausen, den 22. Juli 1750. Castenamt. von Falckenhausen“.

15. Kapitel

Die dritte Passion des Markgrafen

Es sprach sich in der Residenzstadt bei den Trödlern und Markt-
frauen herum, daß der Markgraf zu einer dritten Leidenschaft
neige. Am Hof sprach man von der dritten Passion zur Fischzucht.
Nahmen schon die Beizjagd mit den Falken in Triesdorf und die
Pflege des Gestüts in Bruckberg sehr viel Zeit des Monarchen in
Beschlag, so schien er sich augenblicklich an die Fischerei gänz-
lich verloren zu haben. Im Haus des markgräflichen Fischermeisters Dietlein in Oberreichenbach verweilte er jeweils für
mehrere Tage in der Woche. Er sprach in seiner Umgebung viel
von dem Nutzen der Fischaufzucht für die Ernährung seiner
Untertanen. Über Namen der Fische wie Barsche und Schleien,
über ihre Aufzucht und über die Proportion der Mischung in den
Fischgewässern wußte er gut Bescheid. Er stellte sogar einen
Speiseplan von Fischgerichten in der Fastenzeit für seine Untertanen auf. Aber die Wege des Markgrafen nach Untereichenbach
sahen nicht nach Fasten aus. Elisabeth wunderte sich, daß ihr
Gebieter so lange von Georgenthal fernblieb. Manchmal waren es
mehr als drei Wochen, daß er sich nicht mehr bei ihr sehen ließ.
Dringende Regierungsgeschäfte hielten ihn in Ansbach gefangen,
so lautete seine Erklärung ihr gegenüber. Nachdem der Markgraf
so lange nicht nach Georgenthal kam, getraute sich auch Andreas
einen Besuch bei den Verwandten in Leidendorf, Triesdorf und
Irrebach abzustatten. Dabei erfuhr er, daß der Weg des Markgrafen des öfteren nach Obereichenbach führe. Tag und Nacht
sann von nun an Elisabeth darüber nach, wie sie Licht in das Dunkel ihrer Beziehung zu Carl Wilhelm Friedrich hineinbringen
könne. Dann reifte in ihr der Plan, die Wahrheit über ihn zu erfahren, koste es, was es wolle. Ja, brächte es ihr sogar den Verlust
seiner spärlichen Liebe oder gar die Vertreibung aus Georgenthal.
Nicht aus seinem Mund sollte sie die Bitternis erfahren. Ihren

Bruder schickte sie nach Obereichenbach. Aus dem Beschützer wurde der Kundschafter. Ja, er solle nur alles herausfinden, damit sie erführe, was in Obereichenbach vor sich gehe. So lautete der Auftrag Elisabeths an Andreas.

Der Kundschafter setzte sich arglos in das alte Dorfgasthaus mit dem großen Fachwerkgiebel und im Gespräch mit etlichen Bauern, denen er seine Herkunft verschwieg, erfuhr er die dortige Neuigkeit. Als er in die Waldeinsamkeit von Georgenthal zurückkehrte, da fühlte Elisabeth schon beim Hufschlag des herannahenden Pferdes durch die Stille des Waldes, daß sie etwas, das sie noch nicht wußte, in künftige Einsamkeiten treiben würde.

Sie wollte ein paar Schritte über die Brücke gehen, doch ihre Füße gehorchten nicht. Sie dachte an einen Besuch im Haundorfer Pfarrhaus, um sich ihr Gemüt in einer Aussprache mit dem dortigen Pfarrherrn zu erleichtern, aber dazu war jetzt nicht Zeit.

Andreas sattelte ab und traf seine Schwester an der Eingangstür. Elisabeth zeigte mit der rechten Hand auf das Tapetenzimmer, in dem sie beide ungestört sein könnten. „Ja, die Leute von Obereichenbach sagen, die Tochter des markgräflichen Fischermeisters Dietlein, sie hieße Margarete, erwarte ein Kind von Carl Wilhelm Friedrich." Jetzt war es ausgesprochen, jetzt war es heraus.

Die Hände von Elisabeth zitterten und unter ihren Knien schwankte der Boden. Ihr fröstelte. Sie fühlte sich entfremdet und wie weggestoßen. Es war ihr plötzlich, als ob dichter Nebel sie umhüllte. Ihre Unruhe steigerte sich bis zum Aufbäumen. Ihr war, als ob ihr Atem den Geruch von Fäulnis und Verwesung in sich trage.

Das war es also gewesen, was seit Wochen ihre Ruhe störte. Er hatte eine andere! Ihr Carl Wilhelm Friedrich hatte eine andere! Kaum hatte sie in all den Jahren nur einen Gedanken an Friederike Louise, des Markgrafen rechtes Eheweib, verschwendet. Denn in der Gegenwart ihres Herrn ist nicht einmal die Rede auf sie oder auf seinen Sohn Alexander gekommen. Jetzt tauchte plötzlich in ihren Gedanken die Einsame von Schwaningen (Unterschwaningen) auf. Sie hatte sie nie gesehen, die Königstochter aus Berlin-Brandenburg mit ihren Plüschkleidern und ihrem Fächer in der Hand, aber vorstellen konnte sie sich jetzt die Verbitterung dieser Frau und die unendliche Einsamkeit dieser Verschmähten. Ja, durch sie, Elisabeth Wünsch, alias Winkler, ist sie zu einer Ausgestoßenen geworden. Ob Obereichenbach ihr selbst nun zur Vergeltung für ihre Sünden werden wird? Zur linken Hand angetraut. Dazu die Trauung von einem Diener Gottes noch erschlichen. Ja, wahrhaftig! Das konnte ihr kein Glück bringen! Beim Tod ihres Kindes hatten sie ähnliche Gedanken bewegt. Ja, sie wollte nachdenken, nachgrübeln, nachsinnen. Sie glaubte, den Verstand zu verlieren.

Ihr Bruder sah, wie sie sich quälte, und er überlegte, wie er sie auf andere Gedanken bringen könnte. Insgeheim machte er sich Vorwürfe, daß er ihr die volle Wahrheit so mit einem Mal gesagt hatte. Hätte er doch nur von der dritten Passion zur Fischerei erzählt.

Als die Küchenmagd das Essen hereinbrachte, es war Salzfleisch mit Schwarzbrot und Meerrettich, da lag sein Blick auf ihrem Gesicht. Das erste Mal fiel es ihm auf, daß von ihrer Stirn zwei Falten zu den Augenbrauen herabführten, gleichsam wie zwei leere tote Flußläufe, die kein Wasser und damit kein Leben mehr mit sich führten.

Schon nach wenigen Bissen legte Elisabeth die Holzgabel und das Messer wieder auf den Tellerrand. „Ich habe ihn verloren", so ging es ihr durch den Kopf, „ich habe ihn verloren. Ich kenne ihn und weiß, daß ich ihn kaum zurückgewinnen werde."

Oder vielleicht könnten ihrer beiden drei Kinder, die zwei Söhne und das Mädchen, den Vater und Gatten zurückbringen und ihn erneut an Georgenthal binden?

Ihr Blick fiel auf das Hirschgeweih, das über ihrem eigenen Porträt hing. Harte Hornmaterie eines starken Tieres. So war ihr Leben von eiserner Härte beherrscht, seit sie ihn kannte. Oder war da noch etwas anderes in ihr Innerstes eingekehrt, seit sie sich ihm das erste Mal hingegeben hatte?

Ihre Gedanken schweiften zurück zu dem gewitterwarmen Augusttag, als sie das erste Mal mit Carl Wilhelm Friedrich von

Triesdorf nach Georgenthal reiten wollte. Ihre Augen und Hände waren sich zuvor im Falkenhaus in Triesdorf begegnet. Seine Stimme wirkte betörend auf sie, als er sie bat, mit ihm in das alte Waldschlößchen nach Georgenthal zu reiten. Ihr Weg führte über Merkendorf nach Biederbach. Schon hier in dem kleinen Krautdörfchen zeigten sich am Himmel zuckende Blitze. Sie blickte den jungen Herrscher damals an, als wollte sie sagen: „Bleiben wir hier, im Schutz der Häuser!" Aber dann sah sie in seinen Augen eine wilde Begierde. Sie kamen bis zu den drei Buchen, da war das Gewitter schon über ihnen. Der Weg nach Lindenbühl war der kürzere. Daher trieben sie die Pferde an zur alten Wildmeisterei. Dort hob er sie vom Pferd und übergab die Zügel dem verdutzten Wildmeister. Sogleich begaben sich beide in das obere Gemach dieses einsamen Waldhauses. Als die ersten Regentropfen auf das Dach des alten Hauses fielen, gab sie sich dem Markgrafen hin.

Während Elisabeths Gedanken in die weite Vergangenheit zurückschweiften, fiel ihr Blick auf den gedeckten Tisch. Noch lag das Fleisch auf der Holzplatte, kalt wie totes Aas, das Brot schwarz zerkrümmt auf ihrem Teller wie Schlacke. Ekel fuhr ihr in die Kehle, Ekel vor allem, was sie sah und woran sie dachte. Sie stieß das Fenster auf. Frische Waldluft brach ein und umschmeichelte ihre Schulter. Sie hielt sich die Hände vor das Gesicht und der zuckende Oberkörper verriet sie als heulendes Elend. Aber da kam wilder Trotz über sie.

„Heute kann ich darüber nicht mehr weiter denken, ich werde verrückt", so dachte Elisabeth, „morgen, da will ich weiter planen, was da zu tun sei und ob ich etwas unternehmen kann. Ja, morgen erst werde ich vielleicht klarer denken können. Nein, heute noch viel grübeln und nachdenken hieße für mich, den Verstand verlieren."

16. Kapitel

... Und hätte der Liebe nicht

Es waren quälende Tage, die Elisabeth durchzustehen hatte. In den Nachtstunden wollte der Schlaf nicht über sie kommen. Schon allein deswegen, weil sie sich vor den Träumen fürchtete. Machtlos fühlte sie sich dort der Unheimlichkeit ausgeliefert. Die Träume waren immer die gleichen. Entweder sie befand sich in einer Felsschlucht eingesperrt, ohne den erlösenden Ausweg zu finden, oder eine böse Gestalt, meist war es eine Menschengestalt im Pelz eines Wolfes oder eines Bären, verfolgte sie und ihre Füße waren wie gelähmt, so daß sie nicht ihrem Verfolger entkommen konnte. Sie kam und kam nicht vorwärts. Schweißgebadet erwachte sie, und der folgende Tag war von bleierner Schwere.

Nach einem solchen Traum beschloß sie für sich, ihrem Mann und Gebieter mit der vollen Wahrheit zu begegnen. Sie wollte selbst die Folgen auf sich nehmen, seine Gunst ganz und gar zu verlieren.

Wieder dachte sie darüber nach, an den Tag, als sie mit ihm nach Merkendorf geritten war und sie wegen des drohenden Gewitters dort gern geblieben wäre, daß es nicht nur das Wilde und Begehrende in den Augen des jungen Markgrafen gewesen war, das sie nach Lindenbühl gezogen hatte. Noch ein anderer Gedanke hatte sie für Carl Wilhelm Friedrich willfährig werden lassen.

Ihr Bruder Andreas bekam nach dem Tod ihres Vaters die Stelle als Falkenier in Triesdorf. Er, der Älteste, war Ernährer der Winklersfamilie und hatte das Brot für alle acht Geschwister zu beschaffen. Hätte sie sich dem jungen Zollernherrscher verweigert, so hätte dies die Aufkündigung seiner Brotstelle bedeuten können. Ihr Bruder hatte es wie einst der Vater und Großvater mit der Hausweberei versucht, aber zu viele Weber gab es in Leidendorf und in den umliegenden Dörfern. Da nützte der Titel Deutschordensweber nichts, wenn einfach die Aufträge nicht kamen. Aus ihrer frühen Kindheit wußte sie, was es heißt, sich von Kohl und Rübensuppe ernähren zu müssen. Eine Roggenbrotsuppe war schon ein Sonntagsessen für sie und ihre Geschwister. Seit ihr Bruder zum Oberfalkenier in Triesdorf befördert worden war, wurden gute und kräftige Mahlzeiten auf ihrem Tisch aufgedeckt. Es fehlte nicht an Milch, Butter, Käse und gutem Brot im Haus.

Jetzt trug sie den Titel „Madame und Freifrau" zugleich, besaß eine Schatulle mit Gold und Silbergulden, drei Mägde arbeiteten nur für sie und ihre Kinder. Von den Einkünften ihrer Schloßgüter konnte sie gut leben. Nein, Sorgen um Brot und Geld – das kannte sie seit der Nacht von Lindenbühl nicht mehr. Jetzt sollte sie sich selbst wieder in ihr früheres Leben zurückstoßen, dazu ihre Kinder mit in die Armut hineinreißen. Nein! Auch wenn sie leichtfertig einst zu ihrem Mann gesagt hatte, sie könne sich durch ihrer Hände Arbeit selbst ernähren, falls ihm etwas passiere. Heute und jetzt wußte sie, daß sie dazu nicht mehr imstande sein würde.

In diesen Tagen brachte der Hoffmanns-Müller von der Nesselmühle einen Korb voll Weißfische, dazu noch fünf ausgewachsene Krebse. Es war die Frongabe an den Markgrafen, die seit dem Jahr 1734 nach Georgenthal gebracht werden mußte. Seit ihr Bruder Andreas von seinem Kundschaftergang aus Obereichenbach zurückgekehrt war, konnte Elisabeth keine Fische mehr in ihrer Küche sehen. Der Geruch von gebratenen Fischen bewirkte bei ihr ein Würgen im Hals, das zum Brechreiz führte.

Schon beabsichtigte sie, die Fische zerteilen zu lassen und sie den Hühnern vorzuwerfen, da dachte sie an die Hirtenfamilie von Haundorf und ließ die Fische mit einem Steintopf voll Butterschmalz durch eine ihrer Mägde zu den Ärmsten des Dorfes bringen. Auch ließ sie ab jetzt öfters der Hirtenfamilie einige Brotlaibe zukommen. Sie wußte, daß ihre Sünde darin bestand, nur und ausschließlich an ihr eigenes und ihrer Kinder Wohlergehen gedacht zu haben.

Langsam versuchte sie, trotz erneuter schlafloser Nächte, ihre Gleichmäßigkeit wieder zurückzugewinnen. Regelmäßig besuchte sie die Wochen- und Sonntagsgottesdienste in Haundorf, die ihr mehr als nur eine Abwechslung des Alltages in der Waldeinsamkeit von Georgenthal gaben. Jetzt blieb sie nach den Gottesdiensten noch einige Zeit vor der Kirche stehen und unterhielt sich mit der Pfarrfrau, ja sogar mit einigen Bauersfrauen kam eine Unterhaltung zustande. Man tauschte Erfahrungen über die Anwendung von Kräuteressenzen bei Fieber aus. Das sollte ihr künftig niemand, auch nicht ihr Gebieter, nehmen dürfen, daß sie mit den Leuten vom Land redete, wie eine, die die Menschen in ihren alltäglichen Sorgen und Nöten zu verstehen suchte.

Für sie waren diese Gespräche wie eine Neuentdeckung ihres früheren Lebens in Leidendorf, als sie mit anderen Mädchen unter der Dorflinde des abends Lieder gesungen hatte. Seit der Nacht von Lindenbühl mußte sie ihr Mädchenleben auf dem Dorf wie eine überflüssige Schlangenhaut abstreifen. War ihre gesteigerte Unruhe, mit schlaflosen Nächten gepaart, nicht der Preis für ihr jetziges Leben in der Einsamkeit, der Preis dafür, daß sie sich „Madame" nennen konnte?

Mit anderen Menschen reden, lachen, scherzen, ihnen zuhören können, Ratschläge geben, ja, verstohlen einen Taler in eine bedürftige Hand drücken, dabei den Finger auf den Mund legen, als stummes Zeichen, daß man über Geld nicht weiter reden soll und ein Dankeschön nicht vonnöten sei, das war für sie die Entdeckung des Bibelwortes, daß die linke Hand nicht wissen soll, was die rechte tut. Jetzt konnte sie sich von manchem Kleidungsstück, ja, von manchem Linnen trennen. Immer gab es dankbare Abnehmer in Haundorf, Höhberg, Aue oder Eichenberg.

Dann kam der Sonntag, der Elisabeths Leben so verändern sollte. Bisher fand sie sich zwischen den Gedanken hin- und hergerissen, wie sie ihren Carl Wilhelm Friedrich zurückgewinnen könne oder ob jetzt nicht der Zeitpunkt gekommen wäre, sich ihm zu verweigern, ihn mindestens spüren zu lassen, daß er sie tief gekränkt und verletzt habe. Ob sie es nicht wagen sollte, ihm zu sagen, daß sie so nicht weiterleben möchte mit ihm?

Da kam die Stunde, in der sie vom Zwiespalt ihrer Seele auf nie geahnte Weise befreit wurde.

Mit ihren Kindern Wilhelmine Eleonora und Ludwig besuchte sie den Sonntagsgottesdienst in Haundorf. Es war ein trüber Tag, an dem viele Wolken vom Mönchswald über das Dorf trieben. Müde und abgespannt saß sie in der Freiherrenloge, jeweils ein Kind zur Rechten und zur Linken. Wie aus weiter Ferne vernahm sie die Worte des Pfarrers aus dem 13. Kapitel des 1. Korintherbriefes: . . . und hätte der Liebe nicht . . . und hätte der Liebe nicht . . . die Liebe ist langmütig . . . sie sucht nicht das Ihre . . . sie läßt sich nicht erbittern, sie trachtet nicht nach Schaden . . . sie verträgt alles, sie glaubt alles, sie hofft alles, sie duldet alles.

Diese Worte trafen ihre verwundete Seele. Sie horchte auf dieses Glaubenslied, auf diesen Hymnus der ersten Gemeinden, wie der Pfarrer sagte, als hörte sie diese Bibelstelle zum ersten Mal in ihrem Leben. Ihre Überlegungen gingen dahin, ob nicht der Pfarrer für sie diese Bibelstelle ausgesucht habe. Sie lauschte auf die Predigt gleichsam wie ein verwundetes Weidtier, das am frischen Wildbach sich gesundtrinken möchte. Das Wasser soll den Blutverlust wieder ausgleichen. Der Pfarrer sagte: „Der überschwängliche Weg führt über alle die verschiedenen Gaben des Geistes Gottes weit hinaus. Die Liebe überragt alles andere an Kraft, an Wert, und ohne diese Liebe ist alles andere in unserem Leben ein N i c h t s. Unser Besitz, unsere Habe, unsere Nächstenliebe, unsere Gebefreudigkeit, unsere Arbeit für unsere Familie, unsere eheliche Liebe ist ohne diese Liebe ein Nichts. Die Liebe aber, die aus Gottes Liebe schöpft, überragt alles andere an Kraft und vermag das, was niemand und nichts ohne Liebe vermag. Die Liebe allein bleibt, wenn alles andere als ein Unreifes und Vorläufiges vergangen und versunken sein wird. Von den irdischen Gütern, ja, selbst von den Menschen, die wir lieb haben oder auch manchmal nicht lieben wollen, müssen wir uns eines Tages trennen. Dagegen diese Liebe, die ihren Ursprung in der göttlichen Liebe hat, sie wird bleiben, wenn wir alles hinter uns lassen müssen . . . was hier von der Liebe gesagt ist, können Eheleute vielleicht erst ent-

decken, wenn sie merken, daß **ihre** „Liebe" als Fundament ihrer
dauernden Ehe nicht mehr ausreicht, und wenn sie ahnen, daß sie
auseinanderbrechen muß, sofern ihre Liebe nicht in den über-
schwänglichen Weg dieser Liebe einmündet."
Auf dem Heimweg von Haundorf nach Georgenthal fand noch einmal ein innerer Kampf in der Seele Elisabeths statt. Sollten diese
Worte aus dem hohen Lied der Liebe für sie heißen: endgültiger
Verzicht auf ihren Gebieter und zugleich weiterhin zu ihm halten?
Liebe nach den Paulusworten: sollte das heißen, ihn, ihren Carl
Wilhelm Friedrich, bei sich empfangen und aufnehmen, als wäre
nichts geschehen? Zuschauen, wenn er wegreitet von Georgenthal, und wissen, daß er den Armen einer anderen entgegengeht?
Werde ich das aushalten und ertragen, ohne meine Fassung zu
verlieren, wenn ich ihm in die Augen sehe? Das waren nicht nur
ihre Gedanken nach dem Gottesdienst. Das war ihre Predigtnach-
arbeit, die sie nun zu leisten hatte.
Schon am Nachmittag dieses Sonntags kam der Markgraf nach
Georgenthal. Er kam nicht als Reiter, sondern mit der markgräflichen Equipage. Mit naiver Freude auf dem Gesicht erklärte er,
daß er ein neues Schloß für Elisabeth und ihre Kinder gekauft
habe. Er sei gekommen, sie nach Schloß Deberndorf bei Cadolzburg zu bringen, damit sie diesen Herrensitz miteinander besichtigen könnten. Dort könne sie, wenn sie wolle, mit ihren Kindern
bis an ihr Lebensende wohnen.
55 000 Gulden habe er für dieses Schloß bezahlt.
Elisabeth war überrascht über die ungetrübte Sprachweise ihres
Mannes mit ihr. Die Liebe läßt sich nicht erbittern – sie verträgt
alles – sie glaubt alles – sie hofft alles – sie duldet alles, diese
Worte fanden in ihr noch einen Nachhall, als sie der Weg in Richtung Cadolzburg führte.
Lächelnd stieg sie aus der geschlossenen Kutsche, und die März-
sonne des Jahres 1756 meinte es mit ihren warmen Strahlen so
gut. Ihr Lächeln gewann an Zuversicht, als ihr der Markgraf nach
der Besichtigung den Lehensbrief für dieses Schloßgut mit allen
Zugehörungen in ihre Hände legte.

1 Corinther 13. 14. 209

Das 13. Kapitel.
Der christlichen Liebe Vortrefflichkeit und Eigenschaften.

(Epistel am Sonntage Quinquagesimä, oder Estomihi.)

1. Wenn ich mit Menschen- und mit Engelzungen redete, und hätte der Liebe nicht; so wäre ich ein tönend Erz, oder eine klingende Schelle.

2. Und *wenn ich weissagen könnte, und wüßte alle Geheimnisse, und alle Erkenntniß, und hätte †allen Glauben, also, daß ich Berge versetzte, und hätte der Liebe nicht; so wäre ich nichts.
* Matth. 7, 22. † Matth. 17, 20.

3. Und wenn ich alle meine Habe *den Armen gäbe, und ließe meinen Leib brennen, und hätte der Liebe nicht; so wäre mirs nichts nütze.
* Matth. 6, 1. Joh. 15, 13. Röm. 12, 8. 20. 1 Joh. 3, 17.

4. Die Liebe ist *langmüthig und freundlich; die Liebe eifert nicht; die Liebe treibt nicht Muthwillen; sie blähet sich nicht,
* Spr. 10, 12.

5. Sie stellet sich nicht ungeberdig; *sie suchet nicht das Ihre; sie lässet sich nicht erbittern; sie trachtet nicht nach Schaden.
* Phil. 2, 4. 21.

6. Sie freuet sich nicht der Ungerechtigkeit; sie freuet sich aber der Wahrheit.

7. Sie *verträget alles, sie glaubet alles, sie hoffet alles, sie duldet alles.
* c. 9, 12. Spr. 10, 12. Röm. 15, 1.

8. Die Liebe höret nimmer auf, so doch die Weissagungen aufhören werden, und die Sprachen aufhören werden, und das Erkenntniß aufhören wird.

9. Denn unser Wissen ist Stückwerk, und unser Weissagen ist Stückwerk.

10. Wenn aber kommen wird *das Vollkommene, so wird das Stückwerk aufhören.
* Eph. 4, 13.

11. Da ich ein Kind war, da redete ich wie ein Kind, und war klug wie ein Kind, und hatte kindische Anschläge; da ich aber ein Mann ward, that ich ab, was kindisch war.

12. Wir sehen jetzt durch einen Spiegel in einem dunklen Wort, dann aber von Angesicht zu Angesichte. Jetzt erkenne ichs stückweise; dann aber werde ich erkennen, gleichwie ich erkennet bin.

13. Nun aber bleibt Glaube, Hoffnung, Liebe, diese drei; aber die Liebe ist die größeste unter ihnen.]
Deutsche Bibel. N. T.

Das 14. Kapitel.
Vom rechten Gebrauch der Sprachen und der Weissagung.

1. Strebet nach der Liebe. *Fleißiget euch der geistlichen Gaben, am meisten aber, daß ihr †weissagen möget.
* c. 12, 31. † c. 12, 10.

2. Denn der mit der Zunge redet, der redet nicht den Menschen, sondern GOtte. Denn ihm höret niemand zu; im Geist aber redet er die Geheimnisse.

3. Wer aber weissaget, der redet den Menschen zur Besserung, und zur Ermahnung, und zur Tröstung.

4. Wer mit Zungen redet, der bessert sich selbst; wer aber weissaget, der bessert die Gemeine.

5. Ich wollte, *daß ihr alle mit Zungen reden könntet; aber viel mehr, daß ihr weissagetet. Denn der da weissaget, ist größer, denn der mit Zungen redet; es sey denn, daß ers auch auslege, daß die Gemeine davon gebessert werde.
* 4 Mos. 11, 29.

6. Nun aber, lieben Brüder, wenn ich zu euch käme, und redete mit Zungen, was wäre ich euch nütze, so ich nicht mit euch redete entweder durch Offenbarung, oder durch *Erkenntniß, oder durch Weissagung, oder durch Lehre?
* c. 12, 8.

7. Hält sichs doch auch also in den Dingen, die da lauten, und doch nicht leben, es sey eine Pfeife, oder eine Harfe; wenn sie nicht unterschiedliche Stimmen von sich geben, wie kann man wissen, was gepfiffen oder geharfet ist?

8. Und so die *Posaune einen undeutlichen Ton gibt, wer will sich zum Streit rüsten? * 4 Mos. 10, 9.

9. Also auch ihr, wenn ihr mit Zungen redet, so ihr nicht eine deutliche Rede gebet, wie kann man wissen, was geredet ist? Denn ihr werdet in den Wind reden.

10. Zwar es ist mancherlei Art der Stimmen in der Welt, und derselbigen ist doch keine undeutlich.

11. So ich nun nicht weiß der Stimme Deutung; werde ich undeutsch sein dem, der da redet, und der da redet, wird mir undeutsch sein.

12. Also auch ihr, sintemal ihr euch *fleißiget der geistlichen Gaben; trachtet darnach, daß ihr die Gemeine bessert, auf daß ihr alles reichlich habet.
* v. 1.
14

Abb. 8: *Und hätte der Liebe nicht . . . (Neues Testament)*

Ob sie sich vorstellen könne, in diesem Schloß zu leben, wo sie in Schloß Wald doch immer unter dem Nebel der Altmühlauen leide, wenn sie dort in der Herbstzeit nächtige, fragte sie der Markgraf.

Ja, im Winter möchte sie in Georgenthal leben, die Gottesdienste dort möchte sie nicht missen, im Sommer könnte es Deberndorf sein, aber auch das Schloßgut Wald sei ihr ans Herz gewachsen.

Aber bald könnten ihrer beiden drei Kinder dann die Güter verwalten und dort wohnen, sagte sie lächelnd und ihre Hände hielten sich auf dem holprigen Weg zurück nach Georgenthal fest.

Seine Fürsorge war mehr als Wiedergutmachung, es war die unausgesprochene Bitte: Nimm mich so, wie ich bin. Sie seufzte und betete leise vor sich hin: „Gott, gib mir die Liebe, die das Böse nicht aufrechnet. Gib mir die Liebe, die sich nie erbittern läßt."

17. Kapitel

Der geteilte Strom

Im Oktober 1756 weilte Elisabeth für einige Tage auf den Schlössern von Wald und Laufenbürg, um dort auf ihren Gütern nach dem Rechten zu sehen. Ihr ältester Sohn, nunmehr 22 Jahre alt, stand im Dienst des Markgrafen. Nach seinen Manöverdiensten kehrte er immer wieder nach Wald zurück. Seine Uniform mit dem blauen Mantel, der mit einem breiten, roten Brustrevers versehen war, dazu die gelbe Hose mit langen schwarzgewichsten Stiefeln, ließen ihn um zehn Jahre älter erscheinen. Die Bauern von Wald grüßen ihn ehrerbietig und reden ihn mit „Hochwohlgeboren" an. Unser Jungherr von Falkenhausen taucht kurz im Schlosse auf und schon am nächsten Tag kann man ihn in Gunzenhausen oder auf der Chaussee von Triesdorf nach Ansbach sehen.

Wer dieser junge Adelsmann wirklich war und woher er mit seiner Mutter gekommen war, dies blieb den Menschen in dem kleinen Altmühldorf verborgen. Irgend jemand verbreitete das Gerücht, die Falkenhausen besäßen eine Burg oberhalb des Gebirges, also in Oberfranken, und sie wären mit den früheren Burggrafen von Nürnberg verwandt. Aber daß sie es mit einem Markgrafensohn zu tun hätten, auf diesen Gedanken kamen sie nicht.

Ja, Friedrich Carl war der ganze Stolz seiner Mutter und das auch zur Freude seines fürstlichen Vaters.

Es war ein trüber Spätherbsttag, als sich Elisabeth von ihrem Ältesten in der alten Zochakutsche von Wald nach Laufenbürg und von dort nach Gunzenhausen chauffieren ließ. Waren es der Ärger über die selbstherrlichen Verfügungen des Schloßverwalters von Laufenbürg oder die Erschütterungen durch die holprigen Wege, daß sie in Abständen immer einen stechenden Schmerz in der rechten unteren Bauchgegend verspürte? Sie konnte es sich selbst nicht erklären. Der Wind wehte aus der Richtung Gnotzheims und trieb rötliche und gelbe Blätter vor das Gespann. Auch der junge Ahornbaum vor dem markgräflichen Schloß war vom Herbstwind bis auf wenige Blätter entlaubt und seine dünnen Äste spreizten sich anklagend in den Himmel. Elisabeth entstieg dem Gefährt mit unsicherem Tritt. Ihr Sohn verabschiedete sich mit einer Umarmung von der Mutter. „Paß gut auf dich auf", rief ihm diese nach, als er schon wieder auf den Kutschbock gestiegen war und die Zügel der Tiere in die Hand nahm. Sie schritt durch das große Eisentor und zog an der wuchtigen Zugglocke. Der markgräfliche Diener Fabian öffnete die hohe Eichentür. Im Schloß bewegte sich Elisabeth wie eine, die hier immer zu Hause war.

Sie fragte den Diener, ob ihr Herr und Gebieter zu Hause wäre. Als dieser verneinte, wollte sie wissen, ob ihm bekannt wäre, wo er sich sonst aufhielte.

Fabian gab zur Antwort, daß der Herr sich im Jagdschlößchen zu Auhausen aufhielte. Es wäre wegen des Tauschhandels um den großen Forst mit dem Oettinger Fürsten, seinem Verwandten.

Abb. 9:
Schmiedeeisernes Tor am Eingang zum Gunzenhäuser Jagdschloß.
Zeichnung: M. Leroux

Unruhig lief sie im großen Jagdzimmer auf und ab, das mit farbigen Jagdkacheln aus Crailsheim ausgetäfelt war. Ein bitterer Geschmack füllte plötzlich ihren Mund und sie konnte es sich gar nicht erklären, daß sie in letzter Zeit kaum Geschmack am Essen fand. Alles schmeckte so gleichmäßig fade. Plötzlich war es ihr, als tanzten gelbe Funken vor ihren Augen. Dann war es ihr wiederum, als wanderten diese Funken mit ihrem Blick, wohin sie auch immer schaute. Auch die Kacheln tanzten in ihrem Kopf durcheinander. Es konnte doch nicht sein, daß der Hase den Falken jagte und das Rebhuhn den Hund!

Schwankenden Schrittes begab sich Elisabeth in das Schlafgemach. Mit den Kleidern legte sie sich in das Bett, und erst nach einigen Stunden fand sie die Kraft, sich zu entkleiden und nach dem Diener zu rufen, um ihn zu bitten, ihr eine warme Milchsuppe zuzubereiten. In den Nachmitternachtsstunden fiel sie schließlich in einen erquickenden Schlaf.

Als Carl Wilhelm Friedrich auch am nächsten Tag nicht in das Falkenschloß zurückkehrte, ließ sie vom Gunzenhäuser Bärenwirt eine Kutsche kommen und machte sich auf nach Georgenthal. Dort warteten ihre zwei Kinder Wilhelmine Eleonora, nunmehr zwölf Jahre geworden, und ihr Jüngster von acht Jahren auf die Mutter.

Auch hier in Georgenthal gab es für sie wieder viel zu tun. Die Trockenfrüchte nahm sie aus den geflochtenen Strohkörbchen und füllte sie in Leinensäckchen. Diese band sie an eine Stange auf dem Dachboden, denn nur im luftigen Durchzug blieben die geschrunzelten Heidelbeeren, die Apfelschnitten und die Hutzel vor Schimmel bewahrt. Die Schwerarbeit hatten die beiden Mägde verrichtet. Dazu zählte etwa, die trockenen Buchenholzscheite in die Remise zu tragen und dort aufzuschichten.

Schon nach einer Woche warf ein Schüttelfrost Elisabeth erneut aufs Krankenlager. Es war ihr nicht so recht, als um diese Zeit Carl Wilhelm Friedrich zu ihr kam. Sie wollte nicht, daß er sie in diesem geschwächten Zustand zu sehen bekam. Dann aber war sie doch gerührt, wie liebevoll er sich zu ihr an das Bett setzte, ja,

wie geduldig er sein konnte und jedes Zeichen der Besserung bei
ihr abwarten konnte. Er, der sonst kaum Zeit und Geduld aufbrin-
gen konnte. Ihm fielen die gelbblasse Farbe in ihrem Gesicht und
die schmalen durchsichtigen Hände seiner Falkenhauserin auf.
Als dann noch das Fieber bei ihr einsetzte, schlug er vor, den
Onoldsbacher Hofarzt herbeikommen zu lassen.

„Um Gottes Willen", entgegnete Elisabeth ihrem Mann, „des Dok-
tors bedarf ich nicht, und wenn erst das Fieber vorbei sein wird,
werde ich schon von selbst wieder zur Kräftigung kommen." Aber
sie lehnte die Herbeiholung des Mediziners nur deswegen ab,
damit es in der Residenzstadt nicht einen Klatsch über ihre
Schwäche geben sollte.

Das alte Jahr 1756 ging zu Ende und das neue meldete sich
mit heftigem Schneegestöber an. Die alten Äste von Buchen und
Föhren drückte der Wind ab, und pfeifend fielen sie in den
Schnee.

Elisabeth hatte früher einen gesunden erholsamen Schlaf. Jetzt
aber schlief sie unruhig, lag stundenlang wach und wälzte sich
von einer Seite auf die andere. Und es quälte sie immer der glei-
che Traum in verschiedenen Bildern: Große Wasser kamen von
Ornbau, überschwemmten das ganze Tal haushoch. Dann teilten
sich die Fluten vor Gunzenhausen in der Urlasgegend und zwei
Wasserblasen erhoben sich turmhoch, während das Land zwischen den zwei getrennten Strömen trocken blieb. Die Fluten
kamen bei jedem Traum wie Ungeheuer auf sie zu, und das läh-
mende Entsetzen trieb sie aus dem Schlaf in die erlösende Wirklichkeit zurück.

„Wenn nur erst dieses Jahr vorbei wäre", so sagte sie immer wieder zu ihren Kindern und auch zu beiden Mägden aus Georgenthal. Als sich aber in den ersten Märztagen ein heftiger Blutsturz
einstellte, ließ Elisabeth nach dem Hofarzt in O. schicken.
Nach langer eingehender Untersuchung verordnete dieser Sitz-
bäder in Heublumensud und hernach eine Kur mit Johannisöl,
dazu täglich zum Trinken einen Liter Johanniskrauttee mit Bene-
diktenkraut vermischt.

Vergebens versuchte die Kranke in den Mienen des Mediziners
etwas über ihren Zustand ablesen zu können. Auch Schwächeanfälle mit Schweißausbrüchen kamen noch hinzu. Ob die Hitze, die
sie immer wieder überkomme, verbunden mit Schweißausbrüchen, mit den Jahren zusammenhinge, in die sie gekommen sei,
erlaubte sie sich den Arzt zu fragen.

„Hochgnädigste", antwortete dieser, „wenn erst der Sommer in
das Land Einzug halten wird, werdet Ihr wieder zu Kräften kommen." Aber der Gelehrte blickte leicht seitwärts, um der Kranken
nicht in die Augen sehen zu müssen.

Am 28. März kam der Pfarrer aus Haundorf zu ihr, nahm ihr die
Beichte ab und gab ihr die Kommunion. In das Kommunikanten-
register trug er ein: Elisabetha Freifrau von Falkenhausen wegen
Unpäßlichkeit im Georgenthal privatim communizieret. Tatsächlich ging es in den Maitagen wieder aufwärts mit ihr. Sie verspürte
wieder Kräfte in sich und schrieb ihre Besserung den Bemühungen des Hofarztes zu, aber ihr Aussehen blieb bleich. In den Juni-
tagen hielt sich Elisabeth mit ihren zwei jüngeren Kindern wieder
im Schloß Wald auf. Sie sollten ihren Besitz jetzt schon kennen-
lernen und sich in Wald einleben. Elisabeth war dem Markgrafen
sehr dankbar, daß er ihr und ihren Kindern zu den Rittergütern
Wald, Thürnhofen und Kaiserberg bei Feuchtwangen, dazu
Trautskirchen bei Unternzenn, noch im letzten Jahr das Schloß
Deberndorf bei Cadolzburg für 50000 Florentinische Gulden
gekauft hatte. Sie wußte die fürstliche Aussteuer zu schätzen.

Dort in Gunzenhausen hörte sie von ihrem Gebieter die große
Verunstimmung über seinen Schwager, den Preußenkönig, weil
dieser 1500 Soldaten aus dem preußischen Heer nach Franken
geschickt hatte. Der Grund seiner Verärgerung war der geheime
Hausvertrag vom Onoldsbacher Rat mit dem Kaiser von Österreich. In manchen Orten um Fürth, Schwabach und Roßtal sei es
zu Brandschatzungen und Plünderungen durch die preußischen
Soldaten gekommen.

Elisabeth verstand kaum etwas von Staatsgeschäften, aber an der
Verärgerung ihres Gemahls konnte sie den Ernst der Lage ab-

lesen. „Dieser Hundsfott, dieser elende Scherben, dieser preußische Furz von Friedrich. Er zahlt mir nur heim, weil ich ihm damals in Triesdorf die Pferde zur Flucht nicht gegeben habe. Soll ihn doch der Teufel zur Hölle reiten, diesen Erzlump." So sehr tobte Carl Wilhelm Friedrich, daß Elisabeth fürchtete, er könnte einen Schlagfluß erleiden. Sie getraute sich nur zu fragen, ob auch für sie und ihre Kinder Gefahr bestanden hätte, falls die Preußen bis hierher gekommen wären.

Jetzt konnte der Markgraf nach langer Zeit wieder in schallendes Gelächter ausbrechen. „Nein", sagte Carl Wilhelm Friedrich, „diese preußischen Marodierer wären niemals lebendig bis in mein Falkenschloß gekommen. Und übrigens", fügte er hinzu, „mein Schwager weiß von der Falkenhausener Familie, er hat mich wegen meiner Nachkommen immer bewundert, weil er selber in diesem Punkto unvermögend ist." Die Unverzeihlichkeit ihres Gemahls ließ Elisabeth keine Ruhe. Sie entsann sich eines Gesprächs, das sie vorzeiten mit dem Haundorfer Beichtiger geführt hatte. Dieser meinte damals: „Verzeihen und Vergeben ist uns allen nicht mit in die Wiege gelegt worden, das bringen wir nur als Christenkinder fertig, wenn wir unsere eigenen Übertretungen vor unserem Schöpfer und Erlöser bekennen." Im Nachdenken über dieses Gespräch kam Elisabeth auf den Gedanken, mit ihrem Gemahl zur Kommunion zu gehen. Sie wußte, daß in allem, was Kirche, Glaubenstaten und Pfarrer betraf, ihr der Markgraf noch nie eine Bitte abgeschlagen hatte, wenngleich er sich zu Predigern und Geistlichen oft sehr widerborstig verhielt.

Es war eine bescheidene Bitte von ihr, daß er ihr doch den Gefallen erweisen und nach seinem Beichtvater, dem Dekan Schülin, schicken möchte, den der Markgraf seit seiner Schulzeit aus Bruckberg kannte. Sie wolle damit ihres Herzens Unruhe stillen. Und ob er nicht auch mit ihr zusammen die heilige Kommunion nehmen wolle, schaute sie ihm fragend an. Wie überrascht und erfreut war sie, als er sagte: „Ja, auch ich habe das Verlangen, nach dieser abgewandten Gefahr mich meinem Schöpfer im heiligen Mahl dankbar zu zeigen."

Am Abend dieses denkwürdigen 26. Juli 1757 zog nach der
gemeinsamen Kommunion von Muhr her ein starkes Gewitter
auf. Dabei wurde ein junges, 22jähriges Mädchen im Wismeth
vom Blitz erschlagen. Als diese Kunde nach Gunzenhausen drang,
dachte Elisabeth, wenn mir oder meinem Gemahl solches widerfahren wäre, ob uns dann Gott angenommen oder verworfen
hätte?

Elisabeth war erst einige Tage nach ihrem Georgenthal zurückgekehrt, weil sie sich in der Waldeinsamkeit eine weitere Kräftigung erhoffte. In den heißen und gewitterschwülen Tagen empfand sie die Luft kühler als in der Stadt. Oft lief sie in den nahen
Wald und setzte sich auf ein kühles Moospolster. Dort saß sie in
den Nachmittagsstunden des 3. August, als sie in der Ferne Huf-
schläge hörte und sie eilig in das Schloß zurückkehrte. Ein junger
Husarenreiter hielt vor der Holzbrücke an, als er Elisabeth aus
dem nahen Wald kommen sah. Als sie in das Gesicht des Botenrei-
ters blickte, ahnte sie, daß er ihr keine gute Nachricht brächte. Sie
ergriff jetzt das Wort: „Kommt Er aus Gunzenhausen, nun red' Er,
wie steht's mit dem Herrn?" Der Husar schüttelte den Kopf: „Freifrau, Ihr müßt jetzt stark sein, was ich Euch zu sagen habe . . ."
Elisabeth fiel ihm ins Wort: „Dann ist ihm etwas Schlimmes
widerfahren?" „Er ist verschieden", vermeldete der Husar in stok-
kendem Ton.

Elisabeth bat ihn, mit ihr ins Tapetenzimmer zu kommen, und
erfuhr dort die näheren Umstände über den Tod ihres Gemahls.
Der Dekan Schülin habe ihm noch die Kommunion reichen können, nachdem er die Dietlein, die nach dem Silberbesteck des
Markgrafen gegriffen habe, aus dem Sterbezimmer hat weisen
lassen. Euer Gnaden, Ihr wißt schon, diese Fischerstochter aus
Obereichenbach. Elisabeth winkte ab, er solle nicht weiter über
diese Weibsperson reden. Am Tag vorher sei der hohe Herr während des Essens zusammengebrochen. Er habe zuvor unbändig
viel Wein getrunken.

Elisabeth stand auf. Sie stieg die Treppe hinauf und ging in ihr
Schlafgemach, wo sie sich aufs Bett warf. Nun hielt sie die wachs-

bleichen Hände vor das Gesicht und wurde von tiefem Schluchzen geschüttelt.

Jetzt wußte sie, daß sie ihren Weg nunmehr allein zu gehen hatte. Sie blickte um sich und kam sich vor wie eine Fremde in Georgenthal, wie damals, als sie zur Hochzeit von Leidendorf hierherkam.

Ihr kam der Gedanke, ihren Ältesten holen zu lassen, damit er veranlasse, ihr Mobiliar und alles Geschirr, das ihr der Markgraf einst geschenkt hatte, nach Wald zu bringen. Besonders der gedrechselte Spiegelschrank aus Nußbaumholz, ein Geschenk ihres Gatten zur Geburt des zweiten Sohnes, mußte nach Wald gerettet werden. Erst wenn alles, vom Keller bis zum Dach, ausgeräumt sei, dann würde sie sich nach Wald begeben. Alexander, der Markgrafensohn, den einst Carl Wilhelm Friedrich die häßliche Zwergnase in ihrer Gegenwart genannt hatte, sollte seinen Besitz von Georgenthal haben, dafür konnte ihr niemand den Herrensitz Wald und die anderen Güter strittig machen. Der neue Herrscher werde bald nach Georgenthal schicken und alles inventarisieren lassen und das Schlößlein als sein Eigentum signifizieren lassen. Es sei ihm auch zuzutrauen, keinen Stein auf dem anderen zu lassen. Ihr Gebieter hatte sich einmal in diese Richtung geäußert. Wegen der Amouren seines Vaters wolle er Georgenthal nicht verschonen, so habe der Zollernsprößling einmal in seiner Umgebung geäußert. Jetzt erkannte Elisabeth, daß ihr Gatte ihr in seiner fürstlichen Fürsorge mit dem Rittergut Wald ein kleines Paradies geschenkt hatte, von dem sie bei Lebzeiten nicht mehr vertrieben werden konnte.

Elisabeth bat den Botschafter der Trauer, doch gleich einen Botenreiter von Gunzenhausen nach Onoldsbach zu schicken, um den jungen Freiherrn von Falkenhausen unverzüglich nach Georgenthal zu bitten, um ihr beizustehen. Mit einem Botengulden verabschiedete sie sich von dem jungen Husaren. Ihr Sohn Friedrich Carl ließ aus Wald drei große Heuwagen kommen. In zwei Tagen war der Umzug geschafft.

Als die Räume leer waren und selbst die Hühner in Kisten eingesperrt das Jörgertal verlassen mußten, da wollte Elisabeth allein sein. Sie wollte allein durch die Räume ihrer jungen Liebe schreiten. Draußen wartete schon ihr Ältester mit seinen zwei Geschwistern auf dem Planwagen. Unheimlich verhallten ihre Schritte in den leeren Räumen. Ob es in einer Gruft unheimlicher sein konnte als hier? Die Strickleiter, die einst der Markgrafenvater seinen Kindern als Schaukel mitgebracht hatte, hing noch an der Decke. Nein, sie sollte nicht hierbleiben, sie sollte in Wald für künftige Falkenhausenkinder hängen. Also rief sie ihren Ältesten, daß er die Strickleiter von der Decke lösen sollte. Auch die zwei Konterfeis von ihr und Carl Wilhelm Friedrich wurden in den Wagen gebracht, um im Schloß Wald von den Wänden auf die Nachkommen herunterzublicken. Dann fuhr das Gespann mit der ganzen Falkenhausener Familie über Leidingendorf nach Haundorf. Dort, an der Kirche, ließ der Jungherr Friedrich Carl von Falkenhausen den Wagen anhalten. Zum Abschied von Jörgertal gehörte ein Abschied vom Pfarrhaus. Der Pfarrer bat Elisabeth, mit ihren Kindern in das Pfarrhaus zu kommen. In Haundorf hatte es sich herumgesprochen, daß die Madame, die Betliesel, nun endgültig nach Wald ziehe, und hinter den Holzstößen und Gartenzäunen blickten einige Neugierige hervor, um der gnädigen Frau mit ihren Kindern noch einmal nachzuschauen. Elisabeth wollte stark sein. Als sie aus der Tür des alten Pfarrhauses trat, kam eine bleiche und nunmehr verhärmte Frau. Der Pfarrer und seine Frau begleiteten sie noch bis zum Wagen. Ihr großer Sohn mußte sie stützen und auf den Wagen heben. Eine Verbindung von dreiundzwanzig Jahren mit gütigen und gerechten Beichtvätern mußte nun gelöst werden. Das tat weh! Elisabeth schluchzte so sehr, daß ihre drei Kinder erschreckt zur Mutter aufblickten.

„Madame", sagte der Pfarrer, „Gott segne Euch und Eure Kinder. Nehmt diesen Segen mit in Euer Domizil nach Wald. Überall auf Gottes Erdboden ist Er uns nahe." Über diese letzten Worte dachte Elisabeth nach, als sie an diesem heißen Augusttag mit ihren Kindern über Büchelberg nach Neuenmuhr an dem verfallenen Lentersheimschloß vorbei über das breite Altmühltal fuhr. Überall

wird er uns nahe sein. Meinte er damit den Geist unseres nunmehr verstorbenen Landesvaters? Es gibt ja beinahe keine Ort-
schaft in der Markgrafenschaft, in dem nicht eine Schule oder
eine Kirche gebaut oder renoviert worden ist. Wie viele Glocken
tragen das markgräfliche Wappen? Dann wiederum legte sie diesen Gedanken beiseite und empfand ihn beinahe lästerlich. „Wie
konnte ich die Worte des Pfarrers nur so menschlich, vergänglich
verstehen!" Mit dem „ER" meinte er sicherlich den, den ich in
jedem Gottesdienst in jedem Beichtgespräch gesucht und gefunden habe.

Auf den Altmühlwiesen waren die Bauersleute fleißig dabei, den
zweiten Heuschnitt einzubringen. Der Geruch der spärlich abge-
mähten Wiesen, das von der Sonne gedörrte Grummet erinnerte
sie an ihre Kindheit in Leidendorf. Ihre Eltern waren schon
immer schnell zur Hand, wenn es galt, die Wiesen mit der Sense
abzumähen. Sie halfen dann immer den anderen Bauern. Mutter
sagte: Was du anderen Leuten Gutes tust, wird dir unser Herrgott
wieder schenken, oft zehnfach und hundertfach. Auf der letzten
Wegstrecke, als es über die Holzbrücke des Rabengrabes ging,
wurde ihr wieder ganz elend. Schwindel und Benommenheit
überfielen sie wie dunkle Boten. Sie hielt sich krampfhaft am
Wagenbrett fest, auf dem sie saß, und bat ihren Ältesten, anzuhal-
ten, um ihr den alten Tonkrug, der mit Frischwasser aus dem
Diebsbrünnlein gefüllt war, zu reichen.

Zur Beisetzung nach Onoldsbach konnte und wollte sie nicht
gehen. Sie wußte, daß sie dazu keine Einladung erhalten würde.
Aber ihr Ältester als Lehensuntertan, als Kammerherr und Rittmeister beim Husarenkorps durfte bei den Leichenzeremonien
nicht fehlen, denn er mußte ja die Paradeaufstellung dort vornehmen.

Kurz vor Wald an der Mühle ging es über zwei Holzbrücken. Der
geteilte Strom, dachte Elisabeth. Ja, sollte dies die Bedeutung
ihrer Träume sein, daß ihr und ihres Gebieters Lebensströme nun
getrennt worden waren?

18. Kapitel

Die letzte Wegstrecke

Im Todesjahr von Carl Wilhelm Friedrich fiel den ganzen August über kein Tropfen Regen mehr. Die Sonne schien unerbittlich auf das ausgedörrte Erdreich. Seit Jahren zeigte die Erde keine so starken Risse mehr. Die Menschen hielten zum Himmel Ausschau, aber kein Wölkchen kam von Westen. Auch die Nächte waren hell und warm. Wie ein Backofen spie die Erde ihre Hitze auch des nachts von sich.

Endlich, in den ersten Septembertagen, konnten die Menschen aus Wald das Glockengeläute aus Großlellenfeld hören. Jetzt würde sich das Wetter ändern und es bestand Hoffnung auf Herbstfutter für das Stallvieh. Tatsächlich kündete ein Gewitter das Ende dieses heißen Sommers an. In den Nachmitternachtsstunden regnete es so sehr, daß die vier Wasserspeier am Walder Schloß Mühe hatten, die großen Regenmengen in den Hof zu schütten.

Auch dieses Gewitter erinnerte Elisabeth an ihren Ritt von Leidendorf nach Lindenbühl. Vierundzwanzig Jahre waren seit dieser Zeit vergangen und doch verblieb dieser Tag so unauslöschlich in ihrem Gedächtnis wie ein frischgepflügter Acker, der immer nach neuer Aussaat, nach Neubeginn riecht. Jedes Gespräch, jedes seiner Worte und jede Liebkosung versuchte sie in diesen Tagen wieder an die Oberfläche der Gegenwart heraufzuziehen. „Ich sorge für dich", hatte Carl Wilhelm Friedrich in der Nacht von Lindenbühl ihr ins Ohr geflüstert. „Ich sorge für dich. Du sollst es gut haben, darauf kannst du dich verlassen." Hatte er damit nicht klar ausgesprochen: Ich liebe dich. Und er hatte sein Versprechen gehalten! Sie hatte es gut bei ihm.

Das jährliche Haushaltungsgeld, das vom Onoldsbacher Rat für Georgenthal zur Verfügung gestellt werden konnte, betrug 900 Florentinische Gulden. Dieser Betrag stand ihr Jahr für Jahr zur

freien Verfügung. Ihr Herzensguter hatte sie fürstlich versorgt mit
Wald, Laufenbürg, Trautskirchen und Deberndorf samt Ein-
und Zugehörungen, Gütern, Gründen, Äckern, Wiesen, Gehölz,
Untertanen und Zinsleuten mit ihren Rechten, Zinsen und Ge-
fällen.
Im Falkenhaus zu Triesdorf hatten sie sich die ersten Blicke zuge-
worfen. Vor einem Falkenvoliere hatten sich ihrer beiden Hände
berührt. Daher sollte der Falke im Wappen und im Namen sie und
ihre Nachkommen an diese erste Begegnung erinnern. Auf Brief
und Siegel waren ihr und ihren Kindern diese Herrschaftsgüter
zugeschrieben.
Als Elisabeth sich am Morgen des 5. September vor dem Spiegel
des gedrechselten Nußbaumschränkchens stellt, erschrak sie. Die
Abzehrung hatte ihr nicht nur Gewicht und Kraft weggenommen,
sondern aus dem frischen Bauern- und Webersmädchen eine vor-
zeitig gealterte Frau gemacht. Auch die Haare waren ihr ausge-
fallen, so daß sie sich ohne Perücke nicht mehr vor ihren Kindern
und dem Gesinde sehen lassen mochte. Früher hatte sie für die
Hofleute mit ihren Perücken nur ein Lächeln übrig, jetzt war sie
froh, daß wenigstens die Haarattrappe ihr noch ein menschliches
Aussehen gab.
Jetzt, was war das? Der Boden schwankte ihr unter den Füßen. Sie
mußte sich wieder ins Bett legen. Wie eine Betrunkene torkelte
sie vom Spiegelschrank zum Bett und noch im Bett schwankte der
Boden, als ob ein Erdbeben das Walder Schloß erzittern ließ.
Sie rief nach der Magd, und mit ihr kam Wilhelmine Eleonora
erschrocken an ihr Bett. Die Magd brachte heiße Milch. Aber
kaum hatte sie einen Schluck getrunken, da mußte sie sich erbrechen. Sie dachte an ihre Großeltern aus Niederoberbach, die sagten: „Kinder, wenn der Boden schwankt und das Brechen dazu-
kommt, dann geht's dahin."
Jetzt täuschte sie sich nicht mehr: das galt für sie. Sie ließ den
Pfarrer rufen und eröffnete ihm, daß sie sich wohl bald von der
Welt verabschieden müsse. Sie wollte sagen, daß sie ihrem Mann
und Gebieter bald nachfolgen werde, aber sie versagte sich diese

Abb. 10: *Elisabeth Wünsch*

Abb. 11: *Carl Wilhelm Friedrich*

Worte, die sie vor dem Haundorfer Beichtiger sicherlich ausgesprochen hätte.

Dann fuhr sie fort und versicherte, sie wolle mit allen Menschen
versöhnt aus dieser Welt scheiden.

Der Pfarrer war an vieles gewohnt, doch die Worte seiner Patronatsherrin klangen so unerbittlich nüchtern, daß er staunend
fragte: „Seid Ihr da so sicher, daß es so schlimm um Euch steht?"

„Ja, es ist soweit", antwortete sie in gleichmäßigem Ton, sie bitte
um die Absolution und um die heilige Krankenkommunion.

Schon in den Nachmittagsstunden setzten starke Schmerzen ein,
und die Magd mußte einen Trunk aus Baldrian und Wermut zubereiten, der sie in einen tiefen Schlaf sinken ließ.

Am nächsten Tag waren die Schmerzen zurückgekehrt. Aus den
kurzen Schlafphasen rüttelte sie der Schmerz immer wieder
wach. Nun verlangte sie nach ihrem Ältesten, und ein Botenreiter
holte ihn noch am gleichen Tag aus Onoldsbach. Friedrich Carl
entsann sich an das Angebot seines Vaters: Wenn es mit Mutter
schlimmer werden sollte, dann könne sie sich ruhig in die Obhut
des markgräflichen Hof- und Leibarztes begeben, solange und soviel sie wolle und brauche. Nach einem eingehenden Gespräch
mit dem Mediziner nach der Untersuchung von Georgenthal hatte
er dafür eine entsprechende Summe schon bereitlegen lassen.

Der Sohn ließ die Mutter durch die beiden Mägde in die alte
Zochakutsche hineinbetten und in warme Decken einhüllen,
denn sie fröstelte. Zu den Füßen legte die Magd noch einen warmen Ziegelstein. So ging der Weg von Wald fort über Mörsach,
Ornbau und Triesdorf nach Leidendorf, ihrem Geburtsort, dann
über die Hohe Fichte nach Onoldsbach. Im Nachbarhaus des
Hofarztes brachte man die Madame von Falkenhausen unter. Drei
Frauen standen ihr Tag und Nacht zur Seite und zur Pflege. In den
ersten Oktobertagen verlor sie für einige Stunden das Bewußt-
sein. Dann rüttelte sie der Schmerz wieder wach.

Schnell eilte eine Pflegefrau, um den Arzt zu holen. Dieser flößte
einige Tropfen starken Baldrians auf die Zunge der Gepeinigten
und bald sank sie wieder in einen betäubenden Schlaf zurück.

Endlich kam die Erlösung über sie. Leise bewegte sie noch einmal die Lippen zu einem Flüstern. Die Umstehenden konnten nicht erkennen, ob es ein Gebet oder sonst noch ein Wunsch oder ein Begehr sein sollte.

Die Kerze flackerte in der Nachmitternachtsstunde, als sie ihren Geist aufgab.

Mit den Worten „Du, Herr, lässest die Menschen sterben und sprichst, kommt wieder Menschenkinder" öffneten die Frauen nach alter Gewohnheit das Fenster, so daß die befreite Seele zu ihrem Schöpfer zurückkehren konnte.

Am nächsten Tag kam der Schreiner und nahm das Maß, denn die Beisetzung sollte schon am Samstag in der Walder Herrschafts-gruft sein. Die markgräflichen Pferde vor dem Totenwagen mit dem Zollernwappen überführten die sterbliche Hülle nach Wald.

Die Magd suchte nach dem Totenhemd, aber fand es nicht gleich. Eleonora suchte in der kleinen Holztruhe mit dem österreichi-schen Blumenmuster. Sie fand das von ihrem Großvater aus Leidendorf gewebte Totenhemd mit dem Namen „Eva Elisabeth Winkler".

Im großen Südzimmer des Schlosses unter dem Bild des Mark-grafen und ihrem Porträt ließ man sie im geöffneten Schrein auf-bahren. Über den gestickten Namen auf dem Totenhemd legte der älteste Sohn ein paar Zweige von den Buchsbüschen. Dabei roll-ten ihm unaufhörlich die Tränen über die Wangen. Und so lag sie da, lächelnd, als ob sie nur schöne Dinge um sich sähe, die grünen Wiesen ihrer Kindheit in Leidendorf, die bunten Blumen an den Rändern der Bächlein, die taufrischen Gräser in Georgenthal und die im Winde sich wiegenden Föhren in Lindenbühl, dazu den blauen Himmel über den Altmühlauen.

Am Samstagvormittag, als die Glocken vom Walder Kirchturm läuteten, begab sich der Pfarrer im weißen Gewand und schwar-zen Schulterumhang mit dem Mesner und Kreuzträger ins Schloß. Dort standen viele Menschen aus Wald, Streudorf und Gunzen-hausen. Von den umliegenden Adelsgeschlechtern der Lenters-heimer aus Muhr und der Crailsheimer aus Sommersdorf

kamen jeweils nur die Frauen. Der alteingesessene Adel wußte
nicht recht, wie er sich verhalten sollte. Sie wollten sich bei ihrem
neuen Lehensherrn Alexander, dem Halbbruder der Falkenhausenkinder, nicht die Gunst verscherzen.

Den Sarg trugen sechs Soldaten aus der Garde du Corps. Hinter
ihm schritt Friedrich Carl in der Uniform eines Korporals mit
Degen. Neben ihm lief die schlanke Wilhelmina Eleonora mit
ihren langen Zöpfen. Sie führte den achtjährigen Friedrich Ferdinand Ludwig, genannt der Ludi, an der Hand. Eleonora brach
immer wieder in Schluchzen aus und wischte sich mit einem
Seidentaschentuch die Tränen aus dem Gesicht. Ludi blickte auf
die Schwester, und wenn sie weinte, dann kamen auch ihm die
Tränen.

Die Geschwister der Freifrau aus der Winklerschen Familie
waren aus Leidendorf, Irrebach, Claffheim und Großbreitenbronn gekommen. Sie mischten sich unter die Walder Bauern.
Noch sechs Geschwister aus der Winkler-Familie waren am
Leben. Diese Verwandten ließ Friedrich Carl nach der Beerdigung im Herrenhaus neben dem Schloß zum Leichenschmaus
beköstigen.

Hinter den Kindern der Madame konnte man im Leichenzug ein
leises Flüstern der Trauergäste vernehmen. In der Mitte des
Zuges kam lautes Gemurmel auf und am Ende entstand eine leb-
hafte Unterhaltung über die Herbstfütterung und die zu stopfen-
den Martinsgänse.

In der Markgrafenkirche wurde die Patronatsherrin aufgebahrt.
Vor dem Altar stand der geschlossene Totenschrein. Zur Linken
und Rechten zog die Garde du Korps in weiß-grauen Uniformen
und schwarzen Schaftstiefeln auf. Die drei Kinder nahmen in
der Freiherrenloge Platz, die mit dem Falkenhausenwappen, den
Falken mit gelbem Halsband, ausgestattet war. In der überfüllten
Kirche wirkte der Freiherrenstand mit den trauernden Kindern
wie ein bedrohtes Schiff im stürmischen Meer und der Pfarrer
stand auf der Kanzel über dem Altar wie ein Kapitän auf hoher
See.

„Der Mensch, vom Weibe geboren, lebt kurze Zeit und ist voll Unruhe, geht auf wie eine Blume, fällt ab, flieht wie ein Schatten und bleibt nicht. Er hat seine bestimmte Zeit, die Zahl seiner Monde steht bei dir. Du hast ein Ziel gesetzt, das wird er nicht überschreiten."

Diese Worte leiteten den Leichensermon des Geistlichen ein. Er schilderte die nun des Todes verblichene Freifrau als ein gottergebenes Menschenkind mit bußfertigem und demütigem Gemüte, mildtätig gegen Arme und gegen die Kirche. „Wir verlieren eine gute und gerechte Patronatsherrin, in ganz Wald und Umgebung wird sie betrauert. Zum Leidwesen ihrer Kinder und aller hat nun Gott ihren Lauf, ihr Erdenwallen frühzeitig vollendet."

Am Schluß betete er das Lied: „Mitten wir im Leben sind von dem Tod umfangen."

Die Freifrau von Lentersheim aus Muhr neigte sich zu ihrer Kirchennachbarin, der Freifrau von Crailsheim, und flüsterte ihr zu: „Vom Ehegemahl der Hochwohlgeborenen ist wohl keine Rede wie ansonsten?" Und die Crailsheimerin bekräftigte leise: „Genau – und was für eine Geborene die Hochwohlgeborene ist, davon ist auch keine Rede!"

Unter Glockengeläute und Orgelspiel wurde der Sarg aus der Kirche getragen und zur Südseite in das Gruftgewölbe unter die Kirche gebracht. Neben dem letzten Herrn von Zocha, dem markgräflichen Baumeister, stellten die Träger den hochherrschaftlichen Totenschrein. In den Nachmittagsstunden schrieb der Pfarrer von Wald in das Totenregister unter der Nummer 31 den folgenden Eintrag:

„Die weyland Reichs Frey hochwohlgeborne Frau, Frau Elisabetha von Falckenhausen, starb hochseelig zu Anspach Mittwochs, d. 12. 8br:, früh in der Nacht um 1 Uhr u. wurde in der Zochasch. hochadel. Gruft Samstag darauf vormittags beygesatzt, nachdem vorher eine ordentl. Leichen-Predigt gehalten worden. aet 47. Jahr, 4 Monate, 1 Woche u. 1 Stunde."

Eine spätere Handschrift fügte unter diesen Eintrag: „Stammutter der Falkenhausen."

Während die Herbstblätter vom Wind in die Walder Herrschafts-
gruft gewirbelt wurden, um der verblichenen Ahnfrau und Stamm-
mutter von Falkenhausen Gesellschaft zu leisten, gab der neue
Herrscher, Markgraf Alexander, den Befehl zum Abbruch des
Jagdschlößchens von Georgenthal. Man schrieb die Jahreszahl
1764.

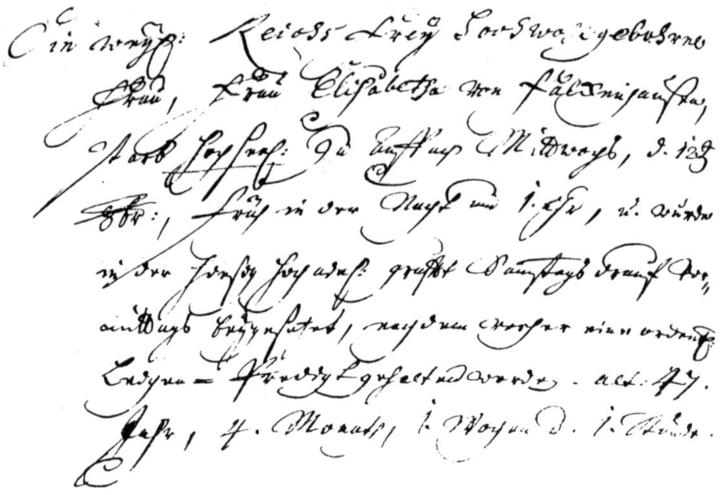

Abb. 12: *Sterbeeintrag der Elisabeth Wünsch.*

ANHANG

Erklärungen zum Text:

Amouren:	Liebschaften
amourös:	verliebt
Balznerei:	Falkenbeize, Falken zur Jagd abrichten, eigentlich beißen machen
Bigamie:	Doppelehe
Chaise:	halbbedachte Kutsche
Communion:	auch Kommunion; heiliges Abendmahl
communizieren:	zum heiligen Abendmahl gehen, damals mit vorausgegangener Einzelbeichte
Confusion:	auch Konfusion; Verwirrung
Conterfei:	auch Conterfey; Gemälde, Bildnis
conterfeien:	malen, abbilden
Copulation:	auch Kopulation; eheliche Verbindung, Eheschließung. Bis zum Jahr 1875 war die kirchliche Trauung zugleich standesamtliche Eheschließung. Eine Eheschließung durfte nur nach vorhergegangenem dreimaligem Aufgebot in den letzten Sonntagsgottesdiensten vollzogen werden. – Siehe Proklamation
Copulations-register:	pfarramtliches Trauregister oder Traumatrikel, Traubuch genannt
Copulatio carnalis:	leibliche Vereinigung
Copulierer:	Pfarrer, der die Trauung vornimmt
Copulierte:	Getraute
Depesche:	geschriebene und persönlich überbrachte Eilbotschaft
Devise:	Anweisung
Disput:	gelehrtes Streitgespräch an den Universitäten
Domizil:	Wohnstätte, Wohnort
Equipage:	fürstlicher Luxuswagen, geschlossene Kutsche
Etikette:	höfische Sitte, Brauch
Exekution:	Hinrichtung
Exulanten:	Glaubensflüchtlinge, die aus Oberösterreich um ihres evangelischen Glaubens willen vor etwa 250 bis 300 Jahren vertrieben worden sind. Maria Theresia und der Salzburger Bischof Firmian gaben scharfe Anweisung zur Austreibung der Evangelischen. Im Fürstentum Ansbach-Bayreuth und in Preußen fanden die Evangelischen eine neue Heimat
Falkonier:	Betreuer von Falken; er hatte die Aufgabe, die Falken für die Jagd abzurichten
fatal:	anrüchig, unangenehm, widerwärtig
Fayence:	feinste Tonware, die nach dem Brennen mit einer Blei- oder Zinnglasur überzogen und dann bemalt und nochmals gebrannt wird
Garde du Corps:	uniformierte Leibwache, Elitetruppe
Gremium:	Versammlung; hier beschlußfähige Gerichtsversammlung
Honoratioren:	angesehene, ehrenhafte Einwohner, Ehrengäste
Illumination:	festliche Beleuchtung
Immatrikulation:	Eintrag in das kaiserliche Adelsregister
Initialen:	große Anfangsbuchstaben
inventarisieren:	ein Bestandsverzeichnis anfertigen
Kalesche:	leichte vierrädrige Kutsche
Karabatsche:	Lederpeitsche türkischen Ursprungs

Karabatschen-streiche:	Peitschenhiebe
Konfrater:	Mitbruder, Amtsbruder
Konsistorium:	Kirchenregiment, Kirchenleitung
Konventikel:	Zusammenkünfte von Theologen auf den Universitäten, später Austausch von Glaubenserfahrungen
Legitimation:	Nachweis für Adelstitulatur
Leichen-zeremonie:	feierliche Beerdigungshandlung
Leichensermon:	siehe Sermon
maskulin:	männlich
Monarch:	Herrscher
Montur:	Uniform, Dienstkleidung
morganatische Verbindung:	nichtstandesgemäße Ehe zur linken Hand
Onoldsbach:	damalige Bezeichnung für die Residenzstadt Ansbach, aber um diese Zeit auch schon Ansbach genannt
penetrant:	aufdringlich
Personalia:	persönliche Angaben zum Eintrag in das Traubuch
Petition:	vorgetragene Bitte
Popularität:	Beliebtheit bei der Umgebung
Präsent:	Geschenk
präsent:	anwesend, gegenwärtig
Präsenz:	Anwesenheit
Pretiosen:	wertvolle Edelsteine, Schmuckstücke meist in Gold gefaßt
Proklamation:	kirchliches Aufgebot zur Trauung (siehe Copulation)
Rage:	Wut, Raserei
Regent:	regierender Fürst
Remise:	Geräte- und Holzschuppen
Rogatesonntag:	fünfter Sonntag nach Ostern (Rogate = betet!)
Sanktuarium:	heiliger Raum
Schatulle:	Holzkästchen zur Aufbewahrung von Geld und Wertsachen
Schorgarten:	altes Wort für Hausgarten (Gemüse), im Gegensatz zum Grasgarten oder Obstgarten
Schranne:	alter Kornspeicher, in Gunzenhausen später Gebäude für Lateinschule
Sermon:	Predigt. Leichensermon – Beerdigungsansprache des Pfarrers. Ebenso Trauersermon
signifizieren:	bezeichnen, anmerken, zu verstehen geben
Stangenreiter:	Bezeichnung für den ältesten Stallknecht
Totenschrein:	vom Schreiner angefertigter Sarg
Traumatrikel:	Kirchenbuch zur Eintragung von Trauungen (siehe auch Copulationsregister)
vakant:	unbesetzt
Vasa sacra:	Bezeichnung für Tauf- und Abendmahlsgeräte
Wallach:	kastrierter Hengst
Zinzendorf:	Graf Nikolaus Ludwig von Zinzendorf. Erweckungsprediger und Leiter der Herrnhuter Brüdergemeine. Entdecker des Missionsgedankens im Protestantismus. Liederdichter (1700–1760)

Quellen:

Pfarramtsarchive der evangelisch-lutherischen Pfarrämter von Haundorf und Wald

Stadtarchiv Ansbach, Acta inquisitionalia betreffend den in dem Herrschaftl. Schloß Jörgenthal vorgegangenen importanten Diebstahl, und der wegen Bestrafung der Delinquenten ergangenen Verordnung de Ap 1739 Volum III No. 13 et No. 14; Bestand: AM 9

Staatsarchiv Nürnberg, Hoffmannsche Waldbücher, Band II, Nr. 195/87; Fürstentum Ansbach

Verwendete Literatur:

Brügels Onoldina, begr. von Julius Meyer, neu bearbeitet von Adolf Bayer, Bände I und IV

Fernau Joachim, Sprechen wir über Preußen, München 1981

Fränkische Zeitung Nr. 289 (Kriegsausgabe 2. Weltkrieg), „Ansbacher Strafvollzug im 16. und 17. Jahrhundert – auf Diebstahl stand Todesstrafe"

Haussherr Reiner, Die Zeit der Staufer, Katalog der Ausstellung, Bd. 1–5, Stuttgart 1977

Heimatbuch der Stadt Gunzenhausen, Gunzenhausen 1982

Landkreis Gunzenhausen, München 1966

Lang Adolf, Falkenjagd in Gunzenhausen, Gunzenhausen 1979

Pangels Charlotte, Königskinder im Rokoko, München 1976

Paulus Helmut-Eberhard, Schloß Wald bei Gunzenhausen, in: Jahrbuch des Frankenbundes von 1983, Würzburg 1984

Von Ranke, Leopold, Preußische Geschichte, Bd. 2, Wiesbaden 1957

Rohn Otto, Georgenthal – ein ehemaliges markgräfliches Schlößchen im Haundorfer Wald, in: Alt-Gunzenhausen, Heft 40/83, Gunzenhausen 1983

Schöler Eugen, Federspiel – Auf den Spuren des Wilden Markgrafen, Nürnberg 1982

Schöler Eugen, Historische Familienwappen in Franken, Neustadt/Aisch 1975

Schrenk Johann, Pfarrer Dr. Theodor Stark von Dittenheim, in: Alt-Gunzenhausen, Heft 39/81, Gunzenhausen 1981

Schuhmann Günther, Die Markgrafen von Brandenburg-Ansbach, Ansbach 1980

Sommerresidenz Triesdorf (Schnell und Steiner – Kunstführer Nr. 1368), München 1982

Stark Karl, Chronik der sämtlichen Ortschaften im Bezirksamtssprengel Gunzenhausen, Gunzenhausen 1900

Stark Theodor, Heimatbuch des Landkreises Gunzenhausen, Gunzenhausen 1983

Vogt/Koch, Geschichte der deutschen Literatur, Leipzig 1897

Abbildungsnachweis

Seite 8, Abb. 1: Das Waldschlößchen Georgenthal. Zeichnung von Rolf Stark, Gunzenhausen 1987; frei nach einer Rekonstruktion von Hans Gran, Weidenbach, und nach den Hoffmannschen Waldbüchern (Staatsarchiv Nürnberg, Fürstentum Ansbach, Bd. II, Nr. 195/87)

Seite 20, Abb. 2: Der einstige Schloßweiher von Georgenthal heute. Foto von Johann Schrenk, 1987

Seite 51, Abb. 3: Mann mit Jagdhorn. Walzenkrug der Ansbacher Fayence-Manufaktur aus der Mitte des 18. Jahrhunderts; Privatbesitz; Foto Kirchner, Nürnberg-Eibach, 1987

Seite 56, Abb. 4: Friedrich der Große in älteren Jahren, Bildnachweis: Reichsstadtmuseum der Stadt Rothenburg o.T. Der Autor dankt Frau Dr. Hilde Merz, Museumsdirektorin des Reichsstadtmuseum Rothenburg o.T. (Dominikanerkloster)

Seite 64, Abb. 5: Tauf- und Sterbeeintrag im Haundorfer Taufbuch. Foto von Johann Schrenk, 1987, mit freundlicher Genehmigung des evangelisch-lutherischen Pfarramtes von Haundorf

Seite 75, Abb. 6: Schloß Wald bei Gunzenhausen. Foto von Johann Schrenk, 1987

Seite 80, Abb. 7: Kaufbescheinigung über Heulieferung für Georgenthal (1750). Repro: Emmy Riedel Buchdruckerei und Verlag GmbH, 1987, mit freundlicher Genehmigung von Herrn Hans Himsolt aus Gunzenhausen

Seite 90, Abb. 8: Und hätte der Liebe nicht . . ., aus: Die Bibel oder die ganze Heilige Schrift, rev. Ausgabe, Nürnberg 1891

Seite 93, Abb. 9: Schmiedeeisernes Tor am Gunzenhäuser Jagdschloß. Federzeichnung von Michel Leroux, in: Johann Schrenk (Hrsg.), Kleiner Führer durch Gunzenhausen, Gunzenhausen 1983

Seite 104, Abb. 10: Elisabeth Wünsch, Öl auf Leinwand (Schloß Wald), Ablichtung mit freundlicher Genehmigung von Freiherrn Tassilo von Falkenhausen

Seite 105, Abb. 11: Carl Wilhelm Friedrich, Öl auf Leinwand (Schloß Wald). Ablichtung mit freundlicher Genehmigung von Freiherrn Tassilo von Falkenhausen

Seite 110, Abb. 12: Sterbeeintrag der Elisabeth Wünsch. Foto von Johann Schrenk, Ablichtung mit freundlicher Genehmigung des evanglisch-lutherischen Pfarramtes von Haundorf

Umschlag vorn: Idylle am Haundorfer Weiher, Foto von Johann Schrenk, 1983

Vorsatz vorn und hinten: Karte aus den Hoffmannschen Waldbüchern, Staatsarchiv Nürnberg

Danksagung

Der Autor dieses Buches dankt

Freiherrn Tassilo von Falkenhausen für das Wohlwollen, das er und seine Familie diesem Buch entgegengebracht haben, besonders für die Bereitstellung der Konterfeis von Carl Wilhelm Friedrich und der Ahnfrau Elisabeth

den Pfarrern Ernst Seyler und Friedrich Schneider und damit den evangelisch-lutherischen Kirchengemeinden Haundorf und Wald

dem Staatsarchiv Nürnberg

dem Stadtarchiv Ansbach

Herrn Studiendirektor Konrad Lengenfelder, Nürnberg

Pfarrer Georg Kuhr, Neuendettelsau

Herrn Hans Himsolt, Gunzenhausen

Familie Hans-Georg Böhaker, Nürnberg

Herrn Dr. Johann Schrenk, Gunzenhausen, für das freundliche Entgegenkommen seines Verlages

VERLAGSWERBUNG

Von Pfarrer Hermann Kaussler bisher erschienen:

15,– DM

ISBN 3-922740-07-3

Ein Nürnberger Großstadtpfarrer berichtet von den glücklichen Tagen seiner Kindheit und Jugend im fränkischen Altmühltal. Es werden typische Erlebnisse aus dem damaligen Dorfleben geschildert, die es so heute kaum noch gibt. Auch die politischen Einflüsse der damaligen Zeit und ihre Auswirkungen werden aufgezeigt. Eindrucksvoll ist auch die Entwicklung des im Mittelpunkt stehenden Bauernsohnes, die geradlinig und konsequent auf ihr Ziel zusteuert. So wird dieses Buch nicht nur zu einem Vermächtnis des Autors für seine Familie und für seine dörfliche Heimat, sondern auch zu einer Dokumentation für den Wandel der Grundwerte sowie der Lebensbedingungen in unserer Zeit, wovon alle Zeitgenossen mehr oder weniger betroffen sind.

Beim Schrenk-Verlag soeben erschienen:

Friedrich Merklein

Evangelisch-Lutherische Kirchengemeinde St. Martin – Wittelshofen

Schrenk-Verlag
Reihe „Fränkische Geschichte"

120 Seiten **12,00 DM**

ISBN 3-924270-16-3

Beim Schrenk-Verlag soeben erschienen:

Schmunzelgeschichten aus dem Juraland

Wilhelm Lux

„Der Goldmacher von Gunzenhausen"

Johann Reichardt – Heilpraktiker und ökumenischer Christ

Es war am Freitag, dem 11. Oktober 1929, als in der Gunzenhäuser Tageszeitung „Der Altmühl-Bote" unter der Überschrift „Tausend macht Schule" nachfolgende Ausführungen erschienen.
„Nürnberg, 10. Oktober. Die Goldmacherei scheint doch nicht so schwer zu sein. Was in düsteren Laboratorien des Mittelalters, in den Arbeitsräumen der ‚Goldmacher' des 18. Jahrhunderts in heißem Bemühen versucht und nicht zutage gefördert wurde – Gold, echtes Gold aus unedlen Metallen zu gewinnen –, schien unserem Jahrhundert vorbehalten. Und während noch der Kampf der Meinungen um Tausend heftig und unentschieden tobt, taucht plötzlich ein neuer ‚Goldmacher' auf, ein ‚privater' Alchimist, den der Drang nach Gold seit seiner Jugend nicht ruhen ließ, der gewissermaßen das Erbe des Mittelalters anzutreten gewillt ist und auf recht romantische Weise in den Besitz

des einzig wahren Rezepts gekommen sei. Das ‚Nürnberg-Fürther Acht-Uhr-Abendblatt' hat ihn entdeckt: Es ist der Naturheilkundige Johann Reichardt aus Gunzenhausen. Er soll Bleischrot, beziehungsweise eine gewisse Quantität analytisch reines Blei, Olivenöl und ein geheimnisvolles weißes und schwarzes Pulver durch Verschmelzung in chemisch reines Gold gewandelt haben, das sich beim Kochen mit Salpetersäure nicht auflöste und die Probe mit dem Prüfstein bestanden haben soll . . ."

Dies ist der Anfang einer von vielen amüsanten Geschichten aus dem fränkischen Juraland.

Insgesamt etwa 180 Seiten, kartoniert **19,80 DM**
ISBN 3-924270-13-9

Beim Schrenk-Verlag bisher erschienen:

REIHE FRÄNKISCHE MINIATUREN

„Gunzenhäuser Miniaturen"

Text: Wilhelm Lux †
Grafik: K. Selz

96 Seiten, Leinenband, **24,80 DM**

Es kommt nicht von ungefähr, daß die beiden Namen „Gunzenhausen" und „Wilhelm Lux" oft in einem Atemzug genannt werden. Sein ganzes Leben hat Wilhelm Lux seiner Heimatstadt und ihrer Geschichte gewidmet. Wenn ein Fremder etwas über die Vergangenheit der Altmühlstadt erfahren wollte, so landete er schließlich immer bei Wilhelm Lux. Einem wandelnden Geschichtsbuch gleich, wußte er auf noch so detaillierte Fragen immer eine Antwort.

Mit den „Gunzenhäuser Miniaturen" gibt er uns einen tiefen Einblick in das Geschehen längst vergangener Tage. Nicht „die" Geschichte schlechthin, sondern die Geschichten der „kleinen" und „großen" Leute hat er sich zum Thema gemacht. In drei Abschnitten streift er historische Ereignisse, berichtet er von den Sorgen und Freuden Gunzenhäuser Bürger und stellt „Gunzenhäuser Lyrik" vor.

ISBN 3-924270-01-5

REIHE FRÄNKISCHE GESCHICHTE

„Die Römer im Gunzenhäuser Land"

Text: Wolfgang Rathsam
Illustrationen: Josef Reinfuss

120 Seiten, Leinenband, **32,80 DM**

Diese Neuerscheinung vermittelt Ihnen umfassende Eindrücke über das Leben und Wirken der Römer im südlichen Mittelfranken.

Wolfgang Rathsam, ein Heimatkundler aus Leidenschaft, beschreibt in seinem Buch in allgemein verständlicher Sprache die politischen und kulturellen Verhältnisse zur Zeit der Kelten, der Römer und der Alamannen. Eine mit allen Details versehene Karte ermuntert manchen Hobby-Archäologen, den Resten dieser Kultur nachzugehen (im wahrsten Sinne des Wortes). Die von Josef Reinfuss liebevoll ausgeführten Illustrationen veranschaulichen dem Leser aufs beste, wie man zu dieser Zeit gelebt, gewohnt und gebaut hat. Ohne „vom Fach" sein zu müssen, werden Sie mit diesem Buch fachkundig in die Geschichte unserer Heimat eingeführt.

ISBN 3-924270-02-3

Beim Schrenk-Verlag bisher erschienen:

REIHE STADTFÜHRER

„Kleiner Führer durch Gunzenhausen"

Texte:
Wilhelm Lux †, Wolfgang Rathsam, Johann Schrenk

50 Seiten, **3 DM**

Der Inhalt des etwa 50 Seiten umfassenden handlichen Bändchens beginnt nach den Geleitworten mit einem historischen Rundgang durch die Stadt unter Aufzählung und Schilderung der bekanntesten Sehenswürdigkeiten. Im Geleitwort stellt Dr. Schrenk mit Recht fest: „Auch wenn Gunzenhausen nicht mit Rothenburg ob der Tauber oder Dinkelsbühl vergleichbar ist, so bietet es doch einige Sehenswürdigkeiten, die dem eilig Durchreisenden verborgen bleiben." Die Texte schrieben der Verlagsinhaber und damalige 1. Vorsitzende des Vereins für Heimatkunde, Dr. Johann Schrenk, und der bekannte Gunzenhäuser Vor-

geschichtsforscher Wolfgang Rathsam. „Wandertips" sowie eine Zeittafel zur Stadtgeschichte schließen sich an.
       (Gunzenhäuser Heimatbote)

Weitere Veröffentlichungen:

Ich fand den Urvogel   9,80 DM

Scalalogia 1/85   68,00 DM

Flügelschläge   29,80 DM

Näherungen   29,80 DM

Schnittlocken   24,80 DM

Fränkisches Seenland
(Karte 1:25 000)
Januar 1988   7,80 DM

Mein Dorf in Franken   vergriffen

Inhaltsverzeichnis

St. Mercken dorff.

Bitterbach

Der Eschenbacher wald.

Die

im h

Der tiefe Schlag.

Der

Die tieffe Lachen.

Der Lehengartte

Fürschhauß

Kellerloh.

Dürrenmühl.

Der Eychstettisch

Renfürt. Rennfürth

Lindenbühler Langen.

Sandlohe

Lindenbühl.

Münchswald.

im Gefäll.

Neffelbach.

im Ottenholz

Neffelmühl. im Himelreich Demetzgrab im

Wedelbach

Stadeln. Wöllenberg.

im Aüweeg

Das Weſach.

Kellerhauſ.

Altenmühr.

Der Büchelberg.